普通高等学校"十四五"规划
艺术设计类专业案例式系列教材

纸包装造型
与结构设计

- 主 编 肖颖喆 张 敏
- 主 审 王 军
- 副主编 滑广军 吴习宇 郝南南

ART DESIGN

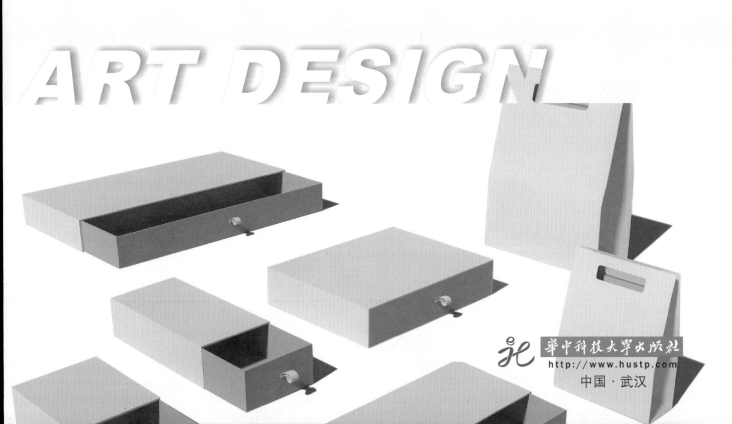

华中科技大学出版社
http://www.hustp.com
中国·武汉

内 容 简 介

　　纸包装造型与结构设计是普通高等学校中包装工程专业的主干课程"包装容器结构设计与制造"的核心内容，在包装教育中具有举足轻重的地位。本书主要讲解纸包装造型与结构设计的基本理论知识，包括设计思路及其成型方法等相关知识点、基本概念和原理。全书分为五章，内容包括纸盒与纸箱两个大类的纸包装容器结构，注重包装综合设计能力的培养，旨在将学生培养成优秀的包装工程师。本书适合作为高等教育本科院校的包装工程专业、职业技术学院包装类专业的教材，也可作为包装设计与制造领域各企业设计人员、有志于从事包装设计与包装工艺制造的自由职业者的设计参考工具书。

图书在版编目（CIP）数据

纸包装造型与结构设计／肖颖喆，张敏主编 . — 武汉：华中科技大学出版社，2022.7（2024.8重印）

ISBN 978-7-5680-8471-0

Ⅰ . ①纸… 　Ⅱ . ①肖… 　②张… 　Ⅲ . ①包装容器－包装纸板－造型设计 　②包装容器－包装纸板－结构设计

Ⅳ . ① TB484.1

中国版本图书馆 CIP 数据核字 (2022) 第 122392 号

纸包装造型与结构设计
Zhibaozhuang Zaoxing yu Jiegou Sheji

肖颖喆　张敏　主编

策划编辑：金　紫

责任编辑：周怡露

封面设计：原色设计

责任监印：朱　玢

出版发行：华中科技大学出版社（中国·武汉）　　电话：（027）81321913

　　　　　武汉市东湖新技术开发区华工科技园　　邮编：430223

录　　排：华中科技大学惠友文印中心

印　　刷：湖北新华印务有限公司

开　　本：889mm×1194mm　1/16

印　　张：11

字　　数：380 千字

版　　次：2024 年 8 月第 1 版第 2 次印刷

定　　价：69.80 元

前言
Preface

本书主要研究纸包装制品结构设计与成型加工技术，在生产中应用相当广泛。包装容器结构设计与制造是普通高等学校包装工程专业的主干课程，在包装教育与包装设计实践中具有重要地位。

纸包装造型与结构设计实践性非常强，在以往的教材中，这部分内容与塑料、金属、玻璃、陶瓷等包装容器的设计编写在一起，由于篇幅的限制，很难将纸包装造型与结构的设计理论与方法讲清楚。对于纸包装结构来说，纸盒与纸箱结构的组成和典型设计方法、各知识点组成的体系具有相对独立性，其成型及制造工艺与塑料、金属等硬质包装容器完全不同。在理论知识方面，纸包装结构涉及的概念较多，每一类纸包装根据其用途、材料、结构形式、成型特性以及设计方法又可以分为若干小类。学生在学习中需要融会贯通、举一反三，仅靠一些典型结构范例图片是远远不够的。在设计实践过程中，空间想象力欠缺的学生很难在短时间内理解常规的授课内容，会感到茫然和无所适从，教师在教学中也需要厘清结构体系与设计发展思路。

本书的编写是在十几年教学实践的基础上，不断更新教案讲义、收集资料完成的，很多知识来源于生产实际和市场设计需求。参编的教师们精诚协作、倾力而为，在调研考察、资料整理和书稿撰写的过程中都投入了大量的时间和精力。

本书主要论述包装工程设计中各种纸包装容器结构设计的基本原理、主要概念及设计方法理论。由于纸材料性质的不同，其加工工艺与生产设备都有自身的特点，涉及的专业知识也不同。我们注重将纸材料对包装容器成型工艺及其对制品结构设计的影响纳入设计思维中，厘清各种纸包装材料的包装容器成型工艺方法与容器结构设计的关系，结合纸包装容器结构设计的基本理论知识，使纸包装造型与结构设计具有可实践性、可制造性。

本书的编写秉承"授之以渔"的理念组织各类设计方法与知识点应用，目的是使学生能够领会、理解所学知识，将所学理论、方法转化为自己的设计能力；学会应用设计思维方法构思包装容器解决方案，采用工程逻辑方法开展成型工艺设计；借助实验和课程设计等实践教学环节，开展包装系统设计和方案实现能力的训练。本书通过对典型包装容器设计案例的深入剖析，突出包装容器创新结构的逻辑演绎，增强个体设计思维意识，激发学生的持续学习兴趣和动手设计欲望。

全书共有五章，主要包括纸盒与纸箱两个大类的纸包装容器结构。对于纸包装容器的其他类别，如纸杯、纸罐、纸浆模塑制品等，由于其设计与制造工艺是另一个体系，与塑料、金属容器的设计思想更加接近，本书没有涉及。

本书由肖颖喆、张敏（西南大学）担任主编，滑广军、吴习宇（西南大学）、郝南南担任副主编。参加编写的人员还包括廖光开、王丽姝、于文喜。具体写作分工如下：第一章由张敏副教授负责编写；第二章的第一、二、三节以及第三章由肖颖喆副教授负责编写；第二章的第四、五节由吴习宇、郝南南负责编写；第二章的第六节由廖光开负责编写；第四章由滑广军副教授负责编写；第五章由王丽姝、于文喜负责编写。肖颖喆负责全书的统稿工作。

本书由江南大学的王军教授主审。

感谢王军教授在本书编写过程中给予悉心指导并提出宝贵意见。感谢谢勇教授、钟云飞教授、卢富德博士对本书编写工作的关注、关心。感谢刘瑞佳、任子铭、吴娟蜜、罗景明、陈书仪、杜瀚宇、林磊等为书稿的绘图、校对、改错、编排等所做的工作。本书的顺利出版离不开华中科技大学出版社的大力支持，在此也表示衷心的感谢。

由于编者水平有限，书中难免有疏漏之处，敬请读者批评指正。

肖颖喆于湖南工业大学

2022 年 4 月

目录
Contents

第一章
绪　论

第一节　纸包装产生与发展的历史沿革

一、纸与纸包装的起源及纸包装形式

1.纸与纸包装起源

纸在西汉就已经存在，从目前考古所发现的西汉古纸来看，其多是用麻头、麻布等麻纤维制成的十分粗糙的麻纸。虽然麻纸粗糙、松软，不适于书画，但却是包裹日常用品的好材料。

纸张被发明之后，随即就应用于包装领域。唐中叶后，因雕版印刷出现，包装纸上开始印上简单的字号、图案和广告，初具现代广告的雏形。在汉唐造纸术的基础上，宋代造纸原料有了更进一步的拓展，桑、麻、竹、麦秆等纤维植物都可用作造纸原料。造纸原料的广泛性，使纸张质地各具特色。特别是活字印刷术的发明和雕版印刷技术的改进，使造纸和印刷技术在包装技术中得到充分结合，也使得纸质包装在传达商品信息、推广商品方面具有其他材料无可比拟的优势。

明清时期，造纸的原料、技术、设备和加工等方面有了显著进步。我国先进的造纸和加工纸的技术也直接传入欧美各国，同样，欧美各国先进的印刷技术和包装成型技术也相继引入我国，推动了明清纸制商品包装的进一步发展。

2.民国时期传统纸包装形式

民国时期，传统的纸包装形成了一些基本使用形式。

（1）单层纸张裹包式包装。

民国时期曾大量使用单层纸张包装产品，对物品进行包裹、品牌塑造以及促销，通过折叠、捆扎、粘贴标贴或加上封套来封闭，形状多为长方形、正方形、圆形或者菱形，属于临时性的销售包装，并非用于长时间贮藏物品。

（2）纸袋包装。

因为纸袋承载力有限，不能包装较重的产品。纸袋包装形式在民国商品包装领域运用较少，集中在药品、颜料、牙粉、蚊香等少数产品上，除此之外，在糖果、咖啡、面包等食品包装中也得到使用。

（3）纸盒包装。

纸盒包装在民国商品包装中运用广泛，在纺织品、食品、化妆品、药品、电器产品、文化用品、娱乐产品、日用化学品等各个领域都有大量使用。包装纸盒通常由一整张纸折叠而成，先印刷图案，再依印画线切割成盒坯，最后黏合、装订而成。

二、瓦楞纸板的起源与包装箱应用

瓦楞纸板起源于英国，1856 年爱德华·查尔斯·比利与爱德华·爱丽斯·阿伦两人申请并获得瓦楞纸板制造

技术的专利，标志着瓦楞纸板技术正式诞生。但是，与现在普遍运用于运输包装上不同，当时的坑形纸板主要用作帽子吸汗，瓦楞纸板真正用于包装材料是在 1871 年。

1871 年，美国的阿尔特·L.乔治率先使用无面纸的坑形纸板作为缓冲材料，取代草和锯末。1874 年，美国的奥利弗·伦格开发出贴上面纸的瓦楞纸板，开始用于瓶子、坛子的包装。与此同时，随着市场需求的增加和机械制造技术的显著进步，1870 年左右，原始的瓦楞轧瓦机制造出来了。1880 年前后，人们又陆续设计出浆糊机等相应的设备。1895 年以后，首台单面机诞生。由于纸板制造技术的进步以及市场需求的迅速增加，美国的纸箱逐渐取代木箱成为主要的包装容器。

在日本，1909 年，井上贞治郎（联合公司的创始人，日本纸板产业创始人）将纺棉机改造成瓦楞轧瓦机并成功生产出日本第一块纸板。最初的产品均为瓦楞纸，并没有成箱设备，制箱工艺采用刀片加尺子的手工操作。随着市场的需求增加，后来日本才从德国引进了成箱设备，并将纸箱作为取代木箱的容器，积极地推向市场。

中国的纸箱生产制造业起步晚，起点低，引进的基本上都是日本的前期设备。中国早期的纸箱生产技术跟其他国家相比，有一定的差距，但这种差距在逐渐缩小。目前，中国已成为世界上较大的纸箱市场。

第二节　纸盒（箱）包装结构设计概述

一、纸盒（箱）的分类与选材

纸盒（箱）是以纸板制成的盒（箱）状包装容器。纸盒（箱）通常按容器的体积进行划分，中小型的纸盒（箱）包装主要属于销售包装的范畴，因为它包装的产品与其本身一道直接进入市场，并置于商场货架，直接面向消费者。但由于市场及消费心理的变化，纸盒（箱）也可作为运输包装，例如饮料、酒类、食品类包装盒。

销售纸盒包装与传统的运输包装纸箱有两大主要区别：第一，销售纸盒包装的外形具有艺术性，色彩和造型更多样；第二，销售纸盒包装中小型化，使产品在使用时更加方便。

销售纸盒包装的艺术性是纸盒结构多样化并得到不断发展的主要原因。纸盒设计从结构到装潢，都是一种准确突出商品特性和特征的艺术。因此，纸盒包装作为销售包装，根据不同产品的特点和要求，采用适宜的材料、合理的结构、合适的尺寸、美观的造型，实现保护产品、美化产品、方便用户、增强竞争力、扩大销售的目的，具有强大的生命力。

1. 纸盒的分类

（1）按照纸盒用纸材料分类。

常见的用纸材料有瓦楞纸板、白纸板、卡纸和茶板纸等。其中瓦楞纸盒是使用瓦楞纸板制成的纸盒，它比一般的纸盒强度大、坚固，且抗挤压能力较强，在一些场合甚至可以替代木盒包装。近些年，瓦楞纸盒已经越来越多地成为纸盒制造的主要部分了。

（2）按照纸板厚度分类。

纸盒按照纸板厚度一般可以分为薄板纸盒与厚板纸盒两种。薄板纸盒采用的纸板比较薄，如卡板纸盒、白板纸盒和茶板纸盒等。这些纸板的表面印刷适应性较好，可以在盒面上直接印刷图案加以装饰。厚板纸盒有箱板纸盒、黄板纸盒、瓦楞纸盒等。

（3）按照纸盒的形状分类。

比较常见的是矩形的纸盒，也有三角形、菱形、屋顶形、梯形以及其他各种异形纸盒。

（4）按照纸盒的结构分类。

大的结构类别有折叠纸盒、粘贴固定纸盒等。纸盒结构种类再具体分类，主要有管型纸盒、浅盘式纸盒、特种结构纸盒等。

（5）按照加工方式分类。

纸盒按照加工方式可以分为手工纸盒和机制纸盒。

2.纸盒（箱）的选材要求

一般来讲，纸盒包装主要作为销售包装，它的内层大多数情况下直接与内装物品接触，外层则起着传递信息、保护商品的作用。纸箱主要承担保护内装物和配合物流传递信息等作用。纸盒（箱）在选材的时候应该考虑以下几点。①强度是否满足运输与陈列的要求；②是否有利于提高商品的附加值；③材料价格是否与商品价格相适应；④是否便于包装废弃物的处理、回收及再生加工；⑤机械加工的适应性是否良好。

纸板材料在入厂加工前应进行检验。主要检验项目包括：纸板的定量、厚度、撕裂强度、耐折度，纸张表面强度、刚度、层间剥离强度、吸油性、耐水性等。纸盒（箱）加工后也应进行检验，包括半成品与成品检验。主要检测的项目包括：耐水性、耐油性、抗摩擦性、耐光性、平滑度、抗压抗弯强度、耐霉变性、耐侵蚀性和毒性等。

纸盒包装所用纸板材料，应满足的要求包括：基础特性，如定量、厚度、水分、强度、表面色度、外观、表面加工性（印刷、涂层等）等；纸盒加工特性，如印刷作业性能、印刷适应性、冲裁作业工艺性、制盒工艺性等；使用性能，如易于充填物料，易于成型、流通及回收管理等。

很多制盒纸板的特性是由纸盒的属性以及不同商品的纸盒属性决定的，应在设计的过程中具体分析。

二、纸盒（箱）的结构设计要求与依据

1.纸盒（箱）结构设计的要求

（1）方便性。

方便性就是纸盒（箱）结构设计必须便于存储、便于陈列展销、方便携带、方便使用和方便运输搬运等。方便性要求近些年在纸盒（箱）结构设计需求中越来越受到消费者的重视，是满足消费者购买行为中舒适情感体验的重要因素。

（2）保护性。

安全与保护，这是包装设计的前提。纸盒（箱）包装结构设计既要考虑内衬结构排列形式，又要保护产品的外形结构和内在质量。

（3）可变性。

纸盒（箱）的结构应该能够针对市场变化、人们的消费心理的变化而变化，并以新颖感和美感来刺激消费者的购买欲望。在现代包装设计中，不仅仅是在设计过程当中对原有纸盒（箱）结构进行一些变化和更新，还有一些纸盒（箱）作为包装物在使用前和使用后发生结构上的变化，以满足消费者对包装容器功能性的某些个性要求。

在设计时，可变性一般从下面三种情况进行分析：①考虑保护与展示的双重需求；②考虑消费者求新、求奇的心理状态；③考虑包装功能结束后的再利用需要。

（4）合理性。

合理性是指利用价值工程原理，纸盒（箱）用料少，而容量大，重量小而轻，强度和刚度大，又便于生产制造，价廉物美等。

（5）科学性。

科学性是指在纸盒（箱）的造型结构设计中采用数学、力学、机械学等科学原理，对核心结构进行严密设计。

2.纸盒（箱）结构设计的依据

（1）内装产品的特性。

内装产品的特性即性质，主要包括物理性质、化学性质、机械性质、生物学性质。

物理性质一般是指内装产品在环境中表现出来的形态结构、质量、比重、光泽、颜色、弹性、塑性、荷重、应力、强度、厚度、密度、熔点、沸点等特性，或是在湿热、光电、温度、压力等外界因素作用下，发生不改变商品本质的相关性质。

化学性质是指内装产品在外界因素（环境）的影响和作用下（如光、热、氧、酸、碱、盐、温度、湿度等）改变其本质或相关性质的化学变化及其表现，比如易燃性、腐蚀性、毒性、霉变性、爆炸性、氧化性等。

机械性质指的是内装产品在外力作用下表现出来的一些物理性质，如弹性与塑性、负荷与应力、强度、韧性

和脆性等。

生物学性质主要指内装产品是有生命活动的有机商品，如粮食、果蔬、鲜鱼、鲜肉、鲜蛋等，在存储过程中受到外界环境的影响，而发生一系列的生理变化。这些变化主要表现为呼吸作用、萌发与抽芽、僵直、软化、胚胎发育、色素变化等。

（2）内装产品的形态。

产品在一般的环境条件下表现出来的外形结构，常见的有固体、液体和气体。固体又分为成型固体、颗粒状固体和粉末状固体等。一般来说，产品形态不同，纸盒结构设计也有不同的要求。例如，对于固体产品而言，纸盒结构应与成型的单件产品的形状相适应；而多件产品，对纸盒结构的多样性要求就复杂一些，还要满足相当的刚度与强度。对于颗粒状固体，一般采用密封性与透气性相结合的设计思想。粉末状固体对纸盒结构的要求主要是密封性。

（3）内装产品的性能和造型结构。

内装产品的性能，主要指的是产品的功能性特征。内装产品的造型结构指的是产品本身或内包装所具有的结构形状。例如冰箱、瓶装酒类及饮料等，在纸盒包装中要求不能倒置；再如电灯泡等产品要求包装盒应当为锥体或者立柱状。根据产品性能和产品结构形状进行纸盒设计时，还应注意包装空间利用率和稳定性。所以，一般纸盒的横断面多为方形或圆形，同时立柱和下部一般要大于上部，而且底部一般为平面。

（4）内装产品的用途。

根据产品的用途不同，纸盒包装的结构也不相同。例如礼品盒需要高雅大方，携带方便，同时还应该使提手折叠，以节省存储空间，所以礼品盒多为具有黄金分割比例结构的手提式折叠盒；而用于家庭或自己消费的食品包装纸盒，则应注重简单实用与开启方便。产品属于耐用品，要求纸盒的设计有更高的强度、坚固且易开易封；产品如果属于一次性使用的，则要求结构简单、价格低廉。纸盒造型结构还要根据使用群体的消费心理进行设计，同时考虑年龄、性别、职业、民族等因素。

（5）内装产品的运输条件。

产品的运输条件主要指运输距离（如长途、短途）与运输方式（如水运、陆运、空运）。现代运输业的发展，促使各种运输工具现代化和运输装备标准化。比如国际上通用的集装箱货柜，这就使得设计的纸盒要与各类集装箱的规格、容腔和式样相匹配，所以纸盒结构造型更需规格化、标准化，还应考虑销售包装纸盒在运输包装箱中的排列方式，尽可能利用其空间容积以减少空隙和提高运输中的稳定性。

三、纸盒的基本结构组成

1. 纸盒的基本结构种类

（1）主体结构。

主体结构指组成纸盒主体的结构形式，要根据内装物品来确定，立体结构常见的多为柱形、锥形、盘形、管形等。

（2）局部结构。

局部结构指纸盒的局部形体，如盒盖、盒底、盒面、盒角等结构形式，常见的有锁口、插舌、插槽、隔板等。这些都要根据内装产品的要求来设计。

（3）功能结构。

功能结构主要指纸盒包装中为满足某些特殊要求而做的局部结构设计，常见的有提手、开窗、开启结构等。这些要根据产品的特性、消费者的心理和习惯、市场需求等来设计。

2. 纸盒的基本结构的名称与组成

（1）管型结构的组成。

管型结构的纸盒（箱）主要结构有板、舌和翼，如图1-1所示。板主要指的是纸盒（箱）的体板，包括前面板、后面板、侧面板、顶板、底板；舌一般指插舌，包括直插封口插舌、反锁插舌等；翼，在管型纸盒中主要指防尘翼和粘贴翼，一些非主要体板结构也常被称为"副翼"。

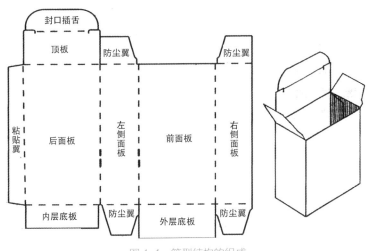

图 1-1 管型结构的组成

（2）盘型结构的组成。

盘型结构的纸盒（箱）主要结构有板和翼，如图 1-2 所示。板主要包括底板、端板和侧板。在盘型结构中，翼分为粘贴角副翼、平分角折叠角副翼、底脚副翼、增强副翼、插锁副翼等。这些基本结构的术语，在后面的学习中会用到，需要熟练掌握。

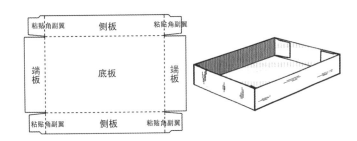

（a）单壁结构

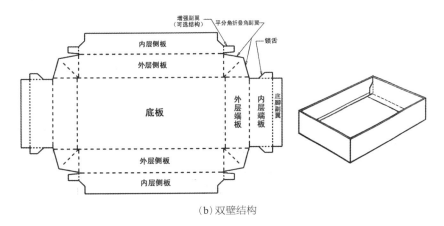

（b）双壁结构

图 1-2 盘型结构的组成

2. 纸盒尺寸的度量惯例

纸盒的尺寸量度应该按照长度、宽度和高度（深度）的顺序进行表述。如表 1-1 所示，纸盒的长度用大写字母 L 表示；纸盒的宽度用大写字母 W 表示，纸盒的高度（深度）用大写字母 H 表示。在尺寸设计中，纸盒的尺寸有内尺寸、外尺寸和制造尺寸的区别。为了区分这三类尺寸，用对应的字母在所使用字母的下标处进行区分，内尺寸下标用小写字母 i，外尺寸下标用小写字母 o。

表 1-1　纸盒尺寸表达

盒（箱）尺寸	内尺寸	外尺寸	制造尺寸	
			盒（箱）体	盒（箱）盖
长度尺寸	L_i	L_o	L	L^+
宽度尺寸	W_i	W_o	W	W^+
高度尺寸	H_i	H_o	H	H^+

（1）纸盒长、宽、高尺寸的测量方式。

长度和宽度在纸盒的开放端或填充端进行测量：长度一般是开放端的较大尺寸，或者将成为纸盒正面的尺寸；宽度一般是开放端的较小尺寸。高度指的是管形纸盒的开放端之间或盘形纸盒的开放端到底部之间的距离。具体如图 1-3 所示。

在不做具体说明的情况下，所有尺寸都指的是制造尺寸。

（2）纸盒长宽定义的特殊情况。

长度是将成为纸盒正面的尺寸。如图 1-4 所示，对于开放端来讲，盒盖开口的位置决定了纸盒的正面和背面。图 1-4 左图中的长度是开放端较大的尺寸，而右图中的长度是开放端较小的尺寸，这个尺寸却是纸盒正面所在的尺寸，所以纸盒的长与宽并不是按照绝对数值来判断的。

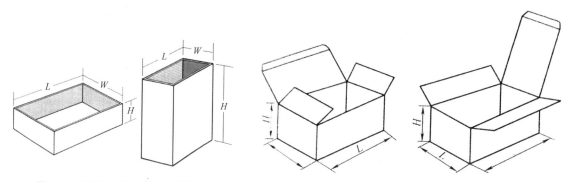

图 1-3　纸盒长、宽、高尺寸的测量方式　　　　图 1-4　纸盒长宽定义的特殊情况 1

纸盒长宽定义的另一个特殊情况如图 1-5 所示。在有提手的纸盒结构中，要根据提手的方向来判断纸盒的长与宽，即纸盒的长度方向与提手方向平行。图 1-5（b）的一组图中，与提手的方向平行的那一面的长度是较小的尺寸，但它依然被定义为纸盒的长。

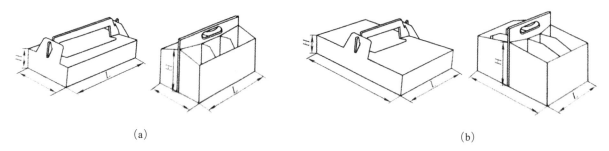

（a）　　　　　　　　　　　　　　　　　　　　　（b）

图 1-5　纸盒长宽定义的特殊情况 2

四、纸盒（箱）结构设计的标准化图样绘制

图纸是工程师交流设计思想的语言，设计工作的成果最终都以工程图纸的形式呈现出来。标准工程图纸是生产中必不可少的技术文件，是世界范围通用的工程技术语言，正确规范地绘制和阅读标准工程图，是一名工程技

术人员必备的基本素质。

在绘制包装图样的时候，要严格遵守相关的国家标准。通常来说，金属包装容器和塑料包装容器相关图纸绘制的方法，与其他机械零部件的绘制方法类似。但是纸盒图样一般采用单一视图的平面展开图形式，并应用不同类型的图线，表达纸盒组装和加工成型方法。

根据《包装图样要求》（GB/T 13385—2008）的规定，包装图样的类型包括产品包装图、包装容器图和包装零部件图。

（1）产品包装图。

产品包装图表达的是整个包装件、包装各组成部分结构、尺寸、外观及其与被包装产品的相互关系，可以称它为包装总装图。

（2）包装容器图。

包装容器图是表达设计方案中具体的每一件包装容器的结构、尺寸、外观和技术要求的图样。

（3）包装零部件图。

包装零部件图是表达包装零部件的结构、尺寸、材质、数量、外观及技术要求的图样。

1. 产品包装图的表达

产品包装图的表达形式多样，可以是立体图，也可以是平面视图。为了能清楚地表达出产品包装的结构及装配要求，在绘制产品包装图时，可以绘制出包装与产品的位置关系，如图 1-6（a）所示；也可附加必要的局部剖视图或局部视图，被包装物在包装容器内的固定、衬垫和防护，可以附加一定的文字说明，如图 1-6（b）所示。

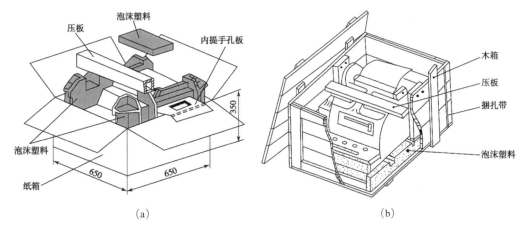

图 1-6　产品包装图的表达 1

在产品包装图中，可以用双点画线或细实线来表示被包装物的主要轮廓特征，如图 1-7（a）所示。如果同一包装内有多个被包装产品，可以在产品包装图上选用双点画线或细实线表示各个包装产品所在的位置，如图 1-7（b）所示，并用引出线说明被包装产品的名称、数量或图样代号。

产品包装图总的表达原则是：表达清楚包装各组成部分的组装关系，以及包装容器与被包装产品的相互位置关系。

2. 包装容器图与包装零部件图的表达

包装容器图包括包装装配图、包装容器图和包装立体图三种。

（1）包装装配图。

由多个零件组成的复杂的包装容器，需要绘制包装装配图来说明包装各组成零部件的组合关系。大多数情况下，包装装配图是将整个包装容器用三视图的表达方式绘制出来，必要的时候也可以绘制立体装配图样清晰表达。在包装装配图的图纸中，需要给每一个包装零件编号，编制零件明细栏，如图 1-8 所示。

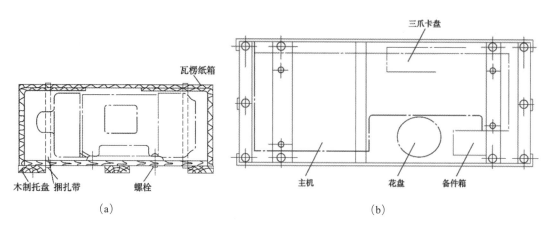

图 1-7　产品包装图的表达 2

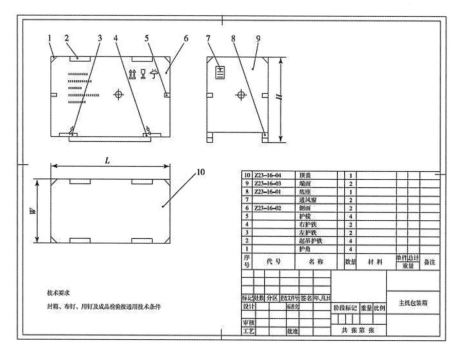

图 1-8　包装装配图

（2）包装容器图。

在绘制包装容器图时，对于塑料包装容器、金属包装容器、玻璃陶瓷包装容器，以及木质包装容器等硬质包装容器结构的图纸，可以根据国家标准中 CAD 制图标准和其他技术制图相关标准的规定进行制图。

在绘制纸包装容器图样时，尤其是折叠纸盒、瓦楞纸箱等包装容器的结构图纸，应当使用平面展开图进行表示。图 1-9 中分别展示了瓦楞纸箱展开结构图和折叠纸盒展开结构图。

在图纸中需要标注展开图的最大下料尺寸和组成纸盒、纸箱结构的各个体板形状的长宽尺寸。

为了更清楚地表达纸盒或纸箱结构，展开图的画法应该符合下列要求。

第一，纸板或瓦楞纸板，应该呈展开放平状态按比例画出。

第二，当瓦楞纸箱由两片以上的纸板组成，应该分别画出。如果图形相同，可以只画一个图形，并在标题栏中标出数量。

第三，瓦楞纸板的瓦楞方向，在不会引起误解时可以省略，否则应该在图样上标注瓦楞方向。

第四，当纸板有正反面要求的时候，应该在视图上标注，或在技术要求中说明。

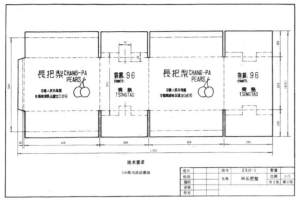

（a）瓦楞纸箱展开结构图

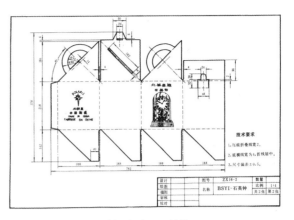

（b）折叠纸盒展开结构图

图 1-9　纸盒（箱）包装容器图

（3）包装容器立体图。

包装容器结构的图样绘制，除了三视图与平面展开图，还应绘制立体图，以便更直观地表达整个包装的结构形式，如图 1-10 所示。立体图通常可以使用轴测图的绘制方法，也可以选用能够清晰表达包装容器结构的任意角度进行绘制。

包装零部件图纸的绘制要求与包装容器图的绘制要求相同，如图 1-11 所示。

对于每一个单件的包装容器结构来说，以上图样同样应该尽量绘制在同一张图纸上。

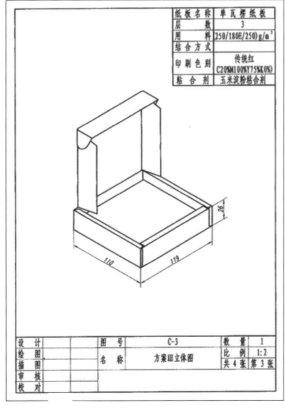

图 1-10　纸盒包装容器立体图

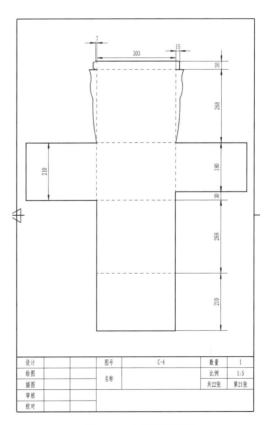

图 1-11　包装零部件图

3.纸包装容器结构图样的线型

纸盒、纸箱制图使用的图线标记、代号和描述见表 1-2。

表 1-2 纸盒、纸箱制图使用的图线标记、代号和描述

图线标记	代号	描述
————————————————	CL	粗实线。线宽在 0.5～1.2 mm，表示图形的轮廓线（A1）、裁切线（A1）、可见过渡线（A2）、切缝线（A3）、钉合线等（A4）
═══════════════	SC	双粗实线。表示纸箱开槽线（B1）
————————————————		细实线。线宽约为粗实线的 1/3，用于标注尺寸时的尺寸界限（C1）、视图剖面的分界线（C2）、尺寸线（C3）、引出线（C4）
– – – – – – – – –	CI	虚线。除了粗实线以外，其他所有线型的线宽都是粗实线的 1/3，虚线表示纸盒、纸箱成型时的内折线（D1），或立体图中的不可见轮廓线（D2）
– · – · – · – · –	CO	点画线。用来表示纸盒纸箱成型时的外折线（E1），由于点画线在通用制图中表示图形的对称中心线（E2），在有中心线表示时，使用双点点画线表示外折叠线
– ·· – ·· – ·· –	SI	三点点画线。向内侧切痕线（F1），属于半切线，纸盒、纸箱使用厚纸板制造时，代替内折线
– ·· – ·· – ·· –	SO	双点点画线。向外侧切痕线（G1），属于半切线，纸盒、纸箱使用厚纸板制造时，代替外折线
═ ═ ═ ═ ═ ═ ═	DS	双虚线。表示对折线（H1）
· · · · · · · · · · · ·	PL	点状线。表示预模切打孔线（I1），用于易撕结构
∿∿∿∿∿∿	SE	波浪线。用于表示瓦楞纸板的端面（J1）和软边切割线（J2）
﹀﹀﹀﹀﹀﹀	TP	连续切折线。表示预模切撕裂打孔线（K1），用于易开纸拉链结构

对照图 1-12 中的标注示意，正确理解这些线型。所有瓦楞纸箱可见的外轮廓都用的粗实线。侧壁手孔的大部分用的粗实线，表示切断；小部分用的虚线，表示把手还有一部分与箱体连接折叠，并没有完全切断。在箱体钉合处，粗实线表示钉合位置。而纸箱被遮住的不可见部分，用虚线来表示，尺寸线和引出线用的都是带箭头的细实线。在同一图样中，同类线型宽度应基本一致。虚线、点画线等有间隔的线型，其间隔应相等。波浪线可徒手绘制。

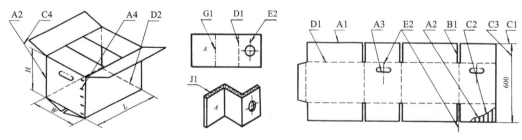

图 1-12 纸箱制图中图线的使用

4. 图纸绘制的尺寸标注

按照国家标准《机械制图 尺寸注法》（GB/T 4458.4—2013）和《技术制图 简化表示法 第2部分：尺寸注法》（GB/T 16675.2—2012）的要求，实物的真实大小，应以图样所注明的尺寸数据为依据，与图形显示的大小及绘制的准确度无关；图形所需要标注的尺寸，一般都以mm为单位，此时不需要注明计量单位，如果采用的是其他单位，

则必须注明计量单位；在立体图样中，应标注包装容器内尺寸的长宽高，展开图当中应标注包装容器的工艺加工尺寸，也就是制造尺寸。如果需要标注其他尺寸，应该在图样上注明，并且要注明允许公差。还需特别注意的是，纸包装容器标注的尺寸数据一般应为整数。

关于绘制包装容器图样时，图纸中关于幅面与格式、图框、标题栏、明细栏、比例标准、字体应用，参照《包装图样要求》（GB/T 13385—2008）中范例格式或工程制图中的制图要求。

5. 纸盒（箱）包装容器设计绘图惯例

纸盒（箱）图纸绘制要求中，除了图线的标准绘制方法，还有一些其他的设计与绘图惯例。

（1）软边裁切线。

设置软边裁切线是为了防止消费者在开启纸盒时，被锋利的纸板直线裁切边缘划伤手指。软边裁切线一般用于盒盖插舌翼的边缘，还可以使用软边裁切线装饰纸盒。日常生活中经常见到的一些散装食品使用的纸质包装盒（袋），其切断面往往使用波浪形的软边裁切线（图1-13）。

图 1-13　包装盒（袋）的口沿软边裁切线

（2）纸盒的折叠线。

纸盒折叠线的基本作用是成型和承压。如图1-14所示，如果没有折叠线，一张纸或者纸板的垂直载荷强度是很弱的，稍微施力它就会弯曲，而如果增加一条折叠线，使纸成90°的折叠状态，那么它就具有一定的垂直抗压能力。这是纸盒进行折叠成型的基本方法。

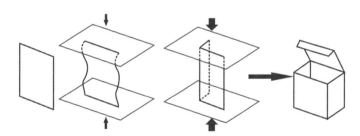

图 1-14　折叠线的成型与承压作用

（3）纸板的内折与外折。

如图1-15所示，内折指的是纸板折叠90°后，外表面是印刷面，内表面是纸板的底层；外折，指的是纸板折叠90°后，外表面为直板的底层，内表面是印刷面。如果折叠角度向内或向外达到了180°，我们分别称为内对折或外对折。

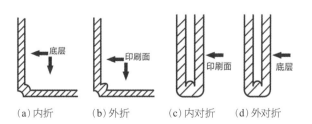

（a）内折　　（b）外折　　（c）内对折　　（d）外对折

图 1-15　纸板的内折与外折

（4）瓦楞纸箱的成型接合方式的符号表达。

表1-3中列出了瓦楞纸箱的钉合、胶带贴合、胶黏剂黏合三种成型方式的图线标记、代号和描述。

表1-3　瓦楞纸箱的成型接合方式

图线标记	代号	描述
‖‖‖‖‖‖‖‖‖‖‖‖‖‖‖‖‖	SJ	纸箱钉合
◀◀◀◀◀◀◀◀◀◀◀◀	TJ	纸箱胶带贴合
∧∧∧∧∧∧∧∧∧∧∧∧∧∧	GJ	纸箱胶黏剂黏合

（5）提手符号的使用。

纸盒或纸箱包装的提手符号有三种形式：一种全开口形式、两种半开口形式（U形和N形），见表1-4。

表1-4　纸盒或纸箱包装的提手符号

图线标记	代号	描述
▭	PC	全开口提手
▭	UC	半开口提手（U形）
▭	NC	半开口提手（N形）

➡ 思考：U形与N形两种半开口提手形式在使用时有什么区别？

（6）纸板的纹向与瓦楞纸板的楞向。

如图1-16所示，在使用平张纸板材料设计纸盒时，绘图中使用双向箭头来标明纸板纤维纵向的方向，即纸板的纹向；在使用瓦楞纸板材料设计纸盒时，绘图中使用的楞向符号是三角形加竖线的形式，用来指示瓦楞纸板的楞向。

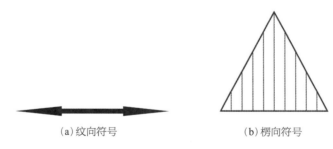

(a)纹向符号　　　　　　(b)楞向符号

图1-16　纹向与楞向

纸板的纹向、瓦楞纸板的楞向与纸盒结构之间存在着非常密切的关系。

纸板的纹向是指纸板的纵向，即机械方向，它是纸板在抄造过程中，沿造纸机的运动方向；瓦楞纸板的楞向是与瓦楞纸板制造时机械方向相垂直的横向。

一般来说，管型折叠纸盒的纹向应该与高度方向垂直；在双壁盘型纸盒当中，纸板的纹向应该与长度方向垂直，而在单壁盘型折叠纸盒当中，纹向应当垂直于端板所在的折叠线，对于多边形盘型纸盒，应当根据具体的结构形式进行分析。

在进行瓦楞纸盒结构设计时，管型瓦楞纸盒的楞向应当与高度方向平行，以保证最大的垂直抗压强度；盘型瓦楞纸盒的楞向应当与长度方向平行；对于只有一个方向的压痕线的纸盒，如没有盒底和盒盖的管型套筒结构，楞向应当与这唯一的一组压痕线垂直，以保证尺寸的精度与折叠性能。

第二章
折叠纸盒的结构设计

纸包装容器在大的类别上可以分为平张纸板包装盒、瓦楞纸板包装箱（盒）以及其他非纸盒形态的纸包装容器。平张纸板包装盒主要包含两类：折叠纸盒和固定纸盒。在瓦楞纸板包装箱（盒）的类别中，主要包括标准瓦楞纸箱、非标准瓦楞纸箱和其他瓦楞纸板制品。图 2-1 为纸包装容器的基本分类。

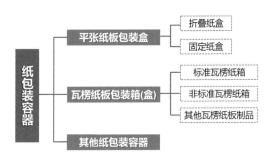

图 2-1　纸包装容器的基本分类

折叠纸盒结构是纸包装结构课程的重要组成部分，它的基本结构类别组成和基本成型原理同样适用于纸箱。

第一节　折叠纸盒结构设计基本原理

一、折叠纸盒的定义

折叠纸盒，是用厚度在 0.3 ～ 1.1mm 的耐折纸板，或者 D、E、F、G 等小瓦楞与细瓦楞纸板进行制造，在装填商品之前可以呈平板状折叠状态进行堆码、运输和存储的小型包装容器。需要注意以下几个约束条件。

（1）纸板厚度约束。

折叠纸盒所用纸板的厚度被约束在 0.3 ～ 1.1mm，主要是因为小于 0.3mm 的纸板，难以满足折叠纸盒刚度要求，而大于 1.1mm 的纸板，在一般折叠纸盒的加工设备上难以获得满意的压痕，成型困难。

（2）纸板材料选择约束：耐折纸板。

（3）纸盒结构约束：可以平板状折叠储运。

二、折叠纸盒的基本结构类别

即使都是折叠纸盒，如图 2-2 所示的几个盒子的形态和使用方法也有很大差别。那么，折叠纸盒可以具体分成哪些种类呢？

折叠纸盒的基本结构主要包含两大类别。

图 2-2　不同类型的折叠纸盒

一类是管型折叠纸盒，它是由一些连续旋转折叠的面板组成基本的管状或套筒状的结构后，再将两端以合适的结构进行封合的纸盒。

另一类是盘型折叠纸盒，它是由一片大底板以折叠的方式向上（或向下）延伸出侧面板结构，侧板彼此之间以粘贴或锁合方式连接，形成浅盘状的纸盒。

除此之外，那些不属于以上两类的其他类型的折叠纸盒和折叠纸板结构，可以称为特殊结构的纸包装容器。这些容器可能与某种工业产品或某种包装设备密切相关，并且可能不符合一般折叠纸盒的定义。

三、折叠纸盒的结构设计要素

折叠纸盒的结构设计要素主要包括点、线、面、角。纸包装容器的结构体是点、线、面的组合。折叠纸盒类包装，由于其原材料平张纸板的物理特性，其点、线、面等结构要素是由平面直板成型为立体包装的关键。

根据结构组成、成型与使用的功能形式的不同，不同类别的折叠纸盒适用不同的成型原理，但构成元素是相同的。

（1）第一个结构要素——点。

点主要有三种形式。第一种是旋转点，旋转点指的是在纸盒包装结构中，三个面或多个面相交而成的点，如图 2-3 中红色标识处的点。第二类点是正反折点，简单来讲，它是在一张纸板上，由于一条折叠线的存在，可以使这张纸板分为两个面，这两个面相交的点就是正反折点，如图 2-3 中蓝色标识处的点。第三类点称为重合点，在纸盒平面结构图形上有一些点在立体成型之后，会在某一个面上重合于一点，这些点就称为重合点，如图 2-4 所示。自锁底结构或 1-2-3 锁底结构都有重合点。

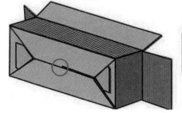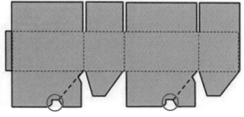

图 2-3　旋转点与正反折点　　　　　　　　图 2-4　重合点

> ➡ 启发理解：旋转点是折叠纸盒结构要素中的主要形式，而正反折点是结构的局部，具有分隔或封闭的作用。以封闭为例，有插舌就有这种点，否则靠粘贴才能封闭。

（2）第二个结构要素——线。

线在折叠纸盒结构中主要指成型所需要的压痕线。从折叠纸盒适应自动化机械生产方面来说，纸包装的压痕线可以分为两种：一种是预折叠工作线（简称预折线），是在纸盒成型的工序上，先折叠 120°～130°，然后恢复到原位的压痕线；另一种是成型工作线（简称工作线），是在纸盒成型以后，需要对折 180° 的压痕线，压痕线两面的面板呈对折状态，即平板状折叠状态。如图 2-5 所示为预折叠工作线与成型工作线。

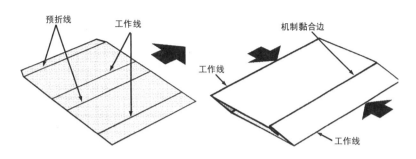

图 2-5　预折叠工作线与成型工作线

➡ 问题：在折叠纸盒中，是否所有的线都是折叠线？图 2-6 中的线是什么线？起什么作用？

（3）第三个结构要素——面。

因为纸板具有成型的特性，纸盒的面只能是平面或者是简单的曲面。在纸包装结构中的面有两种形式。一种称为固定面，就是完整的纸板成型的面，例如管型纸盒的各个侧面体板、盘型纸盒的底面等，每一个面板都应有两条以上的压痕线。第二种面的结构形式称为组合面，是由若干个面板相互配合或重叠而形成的面，需要采用锁合、粘贴、插入等方法进行固定，如图 2-7 所示为 1-2-3 锁底中的组合面。

（4）第四个结构要素——角。

相对于其他材料成型的包装容器，点、线、面等要素共有的角是纸盒包装成型的关键。在这些角中，有两类角度非常重要。

图 2-6　折叠纸盒上的非折叠线

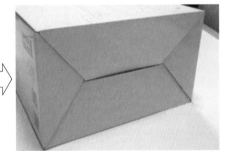

图 2-7　组合面

第一个角度称为 A 成型角。在包装立体结构图上，顶面或底面以旋转点为顶点的造型角度，称为 A 成型角，用 α 表示，如图 2-8 中的 $\angle D_1C_1B_1$。

第二个角度称为 B 成型角。在纸盒的侧面或端面上，以旋转点为顶点的造型角度，称为 B 成型角，用 γ 表示。

以任意旋转点为顶点，只能有一个 A 成型角，但可以有两个或两个以上的 B 成型角，如图 2-8 所示，以旋转点 C_1 为顶点，在侧面板上我们可以看到 $\angle D_1C_1C$ 是 B 成型角，$\angle B_1C_1C$ 也是 B 成型角，分别标记为 γ_2 和 γ_1。

此外还有一个 A 成型外角的概念，指 A 成型角与圆周角之差，用 α' 来表示。

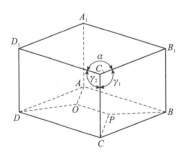

图 2-8　A 成型角与 B 成型角

➡ 区分 A 成型角和 B 成型角

在纸盒中，顶面（底面）是指纸盒的开放端（或封闭端），判断 A 成型角和 B 成型角，先要确定开放端（或封闭端）。

四、折叠纸盒盒体的基本成型方式

纸盒从平面到立体成型，主要有以下几种成型方式。

（1）旋转折叠成型。

旋转折叠成型是折叠纸盒整体成型的基本方式。通过面板旋转的方法，由平面到立体成型、折叠成型的纸盒或者纸箱，基本上都属于此类。

➡ 纸盒旋转成型原理与机械成型动作

如图2-9所示，平面展开一张纸板，第一个面旋转90°，第二个面继续旋转90°，接下来第三个面旋转90°，第四个面旋转90°。最后粘贴翼旋转90°与第一个面重合，粘贴成型。

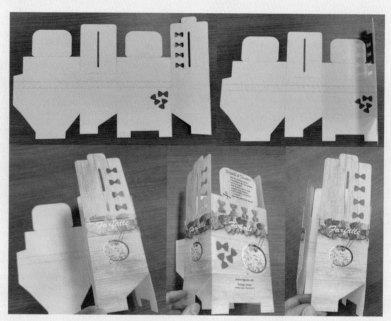

图2-9 纸盒旋转成型

这里要注意，旋转成型是纸盒成型的基本原理。它主要说明的是纸盒各体板之间的成型位置关系。在机械制造中，设备的动作是根据纸盒成型原理进行设计的，但它们不可能是连续旋转的动作，所以，不能生硬地把成型原理直接套搬到机器操作上。

（2）正反折成型（或者内外折成型）。

正反折成型是纸盒的一种局部的成型方式。如图2-10（a）所示，通过正反折可以在纸盒内部形成若干个间壁结构，方便纸盒容纳不同的内装物。在某些结构中，也需要通过正反折成型，或实现某些功能，例如图2-10（b）中所示的纸盒盒盖的插舌反锁结构，只有通过两条线一正一反地折叠，才能使反锁插舌顺利插入盒盖顶部的插槽当中。

➡ 关于反锁插舌结构的正反折成型

仅仅在某个体板边缘设置一个舌状结构插入盒盖插舌翼折线的插槽中并不能实现真正的反锁。在设计反锁插舌时，舌状结构上的两条正反折的折叠线不能缺少，否则插舌不仅不能顺利插入，插舌两端还会在操作过程中撕裂。

（3）移动成型。

某些集合包装类的折叠纸盒，通常通过相对移动盒体不同部分，在相对位移的过程中拉动其他部分成型。如图2-11所示，纸盒最初成平板状折叠状态，撑盒成型时，将两侧的提手部分进行相对移动，当两部分完全重合时，这个纸盒也就完全成型了。在此成型过程中，提手下方形成的间壁分隔结构，使用的就是正反折成型的方法。

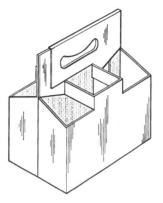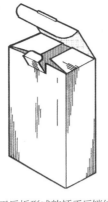

<table>
<tr><td>（a）正反折形成的间壁结构</td><td>（b）正反折形成的插舌反锁结构</td></tr>
</table>

图 2-10　正反折成型　　　　　　　　　　　　　　　　图 2-11　移动成型

第二节　折叠纸盒的常规结构设计

一、管型折叠纸盒的常规结构设计

（一）管型折叠纸盒概述

在纸盒的成型过程中，盒体通过纵向折叠线旋转成型，盒盖和盒底通过摇翼折叠、组装、固定或封口的纸盒，称为管型折叠纸盒。

管型折叠纸盒盒体的基本结构是盒坯印刷面向下，通过成型设备时粘贴翼朝左，在设备上制造完成后，盒坯是成平板状态下线的，这时，纸盒至少有两条相对的成 180° 对折状态的折叠线，这样的折叠线称为工作线。

管型折叠纸盒机制成型的基本过程如下。盒坯印刷面向下，在通过成型设备时粘贴翼朝左（图 2-12（a）），第一步是预折叠线旋转向内折叠约 120° 后（图 2-12（b））恢复平面状态（图 2-12（c）），一般情况下与粘贴翼相连接的折叠线及其相对的另一条折叠线是预折线；第二步是设备涂胶工位在盒坯下方（印刷面）粘贴翼部位进行涂胶；第三步是另外两条折叠线（工作线）旋转向内折叠 180°（图 2-12（d）），同时端部面板与粘贴翼重合粘贴；第四步，纸盒以平板状态成型下线（图 2-12（e））。

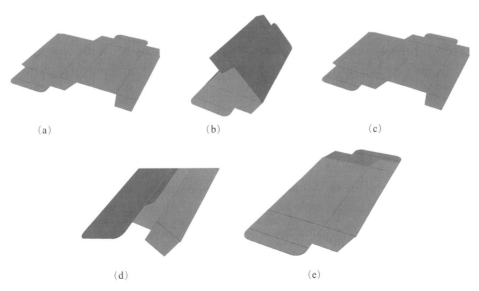

（a）　　　　　　　　　　　（b）　　　　　　　　　　　（c）

（d）　　　　　　　　　　　（e）

图 2-12　管型折叠纸盒机制成型的基本过程

1.管型折叠纸盒的工作线与伪工作线

（1）成型工作线。

工作线的全称是成型工作线。工作线设计是针对可折叠成平板状进行储运的管型折叠纸盒进行的。如图 2-13 中所示的是管型折叠纸盒的基本结构及其工作线位置，在盒体的纵向方向上可以看到四条折叠线。其中有一对工作线在平板状时成 180° 对折的状态，对折后，盒坯两面的相应位置应重合。图中的这两条线（红线标识）就是成型工作线。成型工作线在纸盒撑开为立体状态时可以起到成型作用。

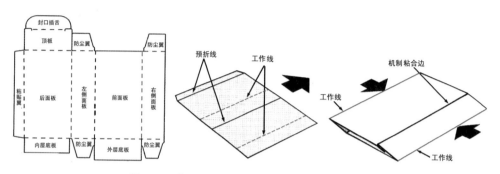

图 2-13　管型折叠纸盒的基本结构及其工作线位置

如图 2-14 所示，从折叠线 TT_1 开始，每一条折叠线依次折叠 90°，其中点画线向外折叠，虚线向内折叠，折叠以后可以看到，除盒体结构外，盒内还有一个间壁结构。旋转成型后，当纸盒成平板状态放置，成 180° 对折的这两条线（图中红圈显示）就是这个纸盒结构的成型工作线。

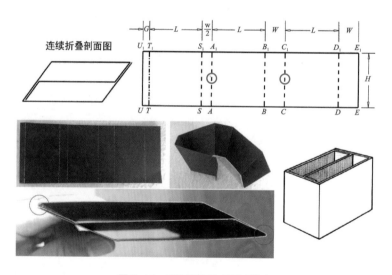

图 2-14　工作线旋转成型过程 1

注意图中模型上所绘制的折叠线线型，哪些是内折叠线、哪些是外折叠线，在折叠操作前应进行判断。

（2）伪工作线。

除了成型工作线，还有一种工作线称为伪工作线。这种工作线只在纸盒平板状折叠时以对折状态出现，在盒体成立体状态时不起成型作用。

一些奇数体板的正多边形棱柱状管型折叠纸盒中存在伪工作线，这些管型折叠纸盒在成型后不能直接压成平板状，需要在某条成型工作线相对的盒体面板上人为地增加一条辅助折叠线，用以将纸盒压制成平板状，这条辅助折叠线就是伪工作线。

伪工作线不是纸盒成型的必要结构要素，而是为了满足特定工艺需要的变通措施，对纸盒成型起辅助作用。有些伪工作线在纸盒立体成型后，对其外观有一定的影响。

这里用一个正三角形纸盒举例说明伪工作线。

如图 2-15 所示，在盒身 AA_1、BB_1、CC_1 三条折叠线中，无论哪一条线作为工作线，都必须在它对面的体板上增加一条折叠线 DD_1，纸盒才能够压成平板状，这条增加的折叠线 DD_1，在平板状处于折叠状态时成 180° 的对折状态，纸盒立体成型以后，它处于平面状态，显然这条线对纸盒的外观有很大的影响。

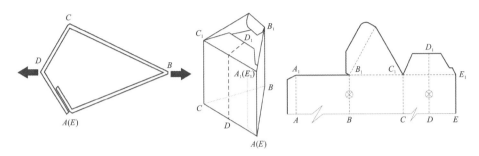

图 2-15 正三角形纸盒伪工作线设计 1

如图 2-16 所示，将三角形纸盒的一个面分成两个部分，使粘贴翼在其中一个面的正中心，这时，与粘贴翼连接的线 AA_1 和其对面的折叠线 CC_1 在平板状折叠的时候成 180° 对折，纸盒立体成型后，线 AA_1 成 0° 平面状态，所以它是一条伪工作线，但这条线与外轮廓线 EE_1 重合，所以纸盒成型之后对纸盒的外观影响比较小，这是当伪工作线不可避免时的折中设计思路。

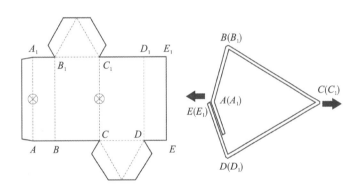

图 2-16 正三角形纸盒伪工作线设计 2

2. 工作线设计的基本原则

管型折叠纸盒的结构在设计中千变万化，工作线设计与应用也可以遵循一些通用的原则，了解这些基本原则，可以简化常规的设计工作。

如图 2-17 所示，这是一个带内衬的管型折叠纸盒的盒身结构。当折叠线全部为虚线时，它们向同一个方向进行折叠，这时内衬 $UTSA$ 为 U 形结构。

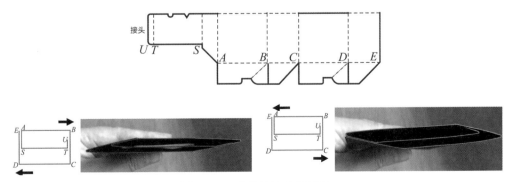

图 2-17 工作线旋转成型过程 2

这样的结构中，无论是向右还是向左进行平板状折叠，纸盒的内部都会出现一条需要180°对折的线，这会使平板状折叠变得不平整。

在这种结构中，如果将内衬结构中的某一条折叠线，如 TT_1，TT_1 成反方向的外折叠线，折叠成型后可以看到内衬 $UTSA$ 为 S 形，如图 2-18 所示。

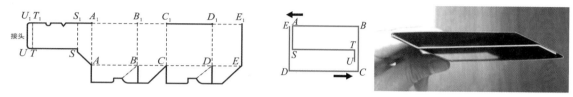

图 2-18 工作线旋转成型过程 3

在纸盒朝向某一特定方向成平板状时，可以看到 S 形内衬可以伸展为一张平面纸板，这个时候纸盒的平板状折叠比较平整，而且由于工作线只有 AA_1 和 CC_1 两条，在成型时也会相应地减少机械操作。这就是工作线设计时的"内衬 S 形原则"。

但是，在内衬结构当中，相当多的内衬结构比这个要复杂得多。如图 2-19 所示，纸盒成型后，可以看到，当把纸盒向左侧倾倒成平板状时，成 180° 对折状态的线有四条，即有四条工作线；向右侧倾倒成平板状时，成 180° 对折状态的线有五条，即有五条工作线。

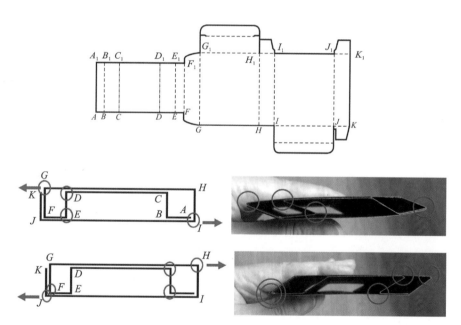

图 2-19 工作线旋转成型过程 4

➡ 启示：设计不能脱离生产

从实际生产操作的角度看，机械操作工序越少、生产效率越高，所以工作线的数量越少越好。设计时，应该选择四条工作线的折叠方向作为平板状压制方向。这就是工作线设计数量最少原则。

如图 2-20 所示，当纸盒结构成型后，无论是向左侧还是向右侧成平板状时，工作线的数量都是相同的，这个时候应当如何确定平板状折叠的方向呢？

内衬结构一般是由粘贴翼向内延长进行设计的。通常情况下，为了防止纸盒粘贴成型后粘贴边向外溢出造成纸盒外观不平整，与粘贴翼相连接的那条折叠线一般不作工作线。在这个例子中，纸盒原来的粘贴翼是 DE，所以折叠线 EE_1 不是工作线，这样就很容易确定纸盒的平板状倾倒方向了。这就是第三个原则："接头指向原则"。接头就是制造接头，即粘贴翼。

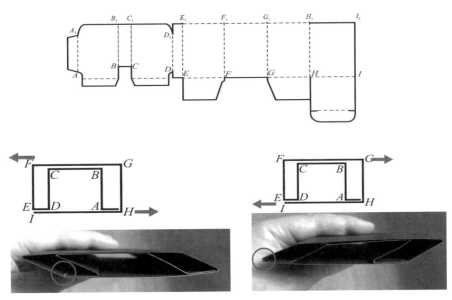

图 2-20　工作线旋转成型过程 5

基本上我们在进行工作线设计和选择平板状折叠方向时，都遵循这三个原则：

第一，内衬 S 形原则；

第二，工作线设计数量最少原则；

第三，接头指向原则。

当然也有一些特殊例子，例如图 2-21 所示的纸盒结构，就不必考虑设计原则问题，因为纸盒内衬尺寸的约束，使它只有向一个方向才能够做平板状折叠。

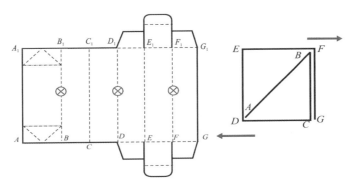

图 2-21　工作线旋转成型过程 6

➡ 启发思考

工作线设计应用的基本原则不是孤立使用的，它们最终都服务于纸盒"平板状折叠"的目标。那么，纸盒平板状折叠到底有什么好处呢？提示：平板状态与直立状态最大的区别是纸盒所占的空间，什么情况下需要节约空间？

只有弄明白工作线存在的意义以及如何设计工作线的正确位置，我们才能学好不同结构组成的管型纸盒的结构设计。

表 2-1　纸盒成型的结构特征与工作线设计原则应用的匹配关系

序号	管型纸盒结构特征	工作线设计原则应用
1	常规单体管型纸盒	接头指向
2	常规管型纸盒内延长增加内衬结构	①S 形内衬；②数量最少；③接头指向
3	非常规异型管型纸盒	①伪工作线；②接头指向

> ➡ 讨论
>
> 设计纵向间壁结构时，可以通过向内延长粘贴翼进行折叠形成间壁分隔，本节列举的工作线设计例子均基于此。请思考，如果向外延长粘贴翼进行设计（如图2-22所示），增加纸盒的附属结构，这时的工作线设计原则还适用吗？

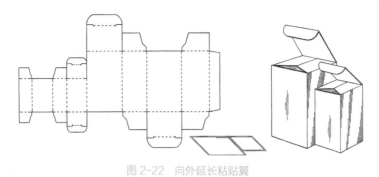

图2-22 向外延长粘贴翼

（二）管型折叠纸盒的局部结构设计

在基本结构组成中，管型折叠纸盒是由前、后、左、右四块主要面板加上粘贴翼形成盒体，再由前、后面板所连接的顶部封闭面板和底部封闭面板形成盒盖、盒底，还需要其他的局部结构帮助成型，比如防尘翼和封口插舌。

接下来我们就来具体学习组成管型折叠纸盒的局部结构的设计方法。这些局部结构主要包括封口插舌、防尘翼、粘贴翼与盒体套筒。

1.封口插舌

使用插舌进行封口是管型折叠纸盒的基础结构。封口插舌一共有三种变化形式。

（1）摩擦锁定封口插舌。

如图2-23所示，由盒盖边沿处通过折叠线延伸出一片副翼插入盒体中进行封口。这种插舌结构简单，通过插舌外侧与盒体板内侧的摩擦力进行锁定。通用的摩擦锁定封口插舌的翼肩与插舌折叠线处没有尺寸缩进（图2-23（a）），只有翼肩尺寸可以变化，用于保持插舌所需要的锁定摩擦力。

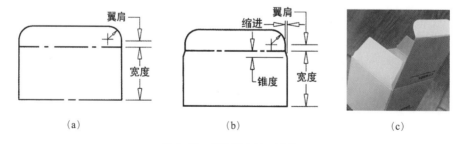

图2-23 摩擦锁定封口插舌

（2）切缝锁定封口插舌。

切缝锁定封口插舌与摩擦锁定封口插舌结构略有不同，如图2-24所示，在盒盖与插舌连接的折叠线端头处有两个切缝，通用的切缝锁定插舌的边缘有尺寸缩进，但没有翼肩结构，如图2-24（a）所示，插舌的弧度起始于切缝的外边沿。在设计中如果增加翼肩结构（图2-24（b）中蓝线处），就会增加摩擦力，相应地也会增加开启盒盖的力，容易造成盒盖的破坏性撕裂。

一个管型折叠纸盒如果盒底和盒盖都使用插舌封口的形式，那么通常情况下，盒盖应使用摩擦锁定，方便消费者将盒盖打开，而盒底使用切缝锁定，增加锁合力以适合承重，如图2-25所示。

（3）开槽锁定封口插舌的设计。

这是在切缝锁定的基础上，将切缝处的一个角去掉形成开槽的封口插舌方式，如图2-26所示。对于一些定量较大的纸板或小瓦楞纸板来说，这种设计比切缝锁定方式更实用，可以避免由于切缝锁定过牢造成开启时盒盖破坏。

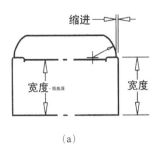

图 2-24　切缝锁定封口插舌

图 2-25　摩擦锁定与切缝锁定插舌配合使用

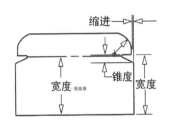

图 2-26　开槽锁定封口插舌

2. 防尘翼

防尘翼是与封口插舌相配合的结构。

（1）配合摩擦锁定的防尘翼。

配合摩擦锁定的防尘翼的基本结构是在插舌需要插入的一侧有一个尺寸缩进量，如图 2-27 所示，一般是一个纸板的厚度，为插舌插入时让位。为了使盒盖处的折叠线能够顺利将盒盖折叠压下，盒盖与防尘翼不产生干涉，方便盒盖关闭，需要在防尘翼的另一侧设计一个让位缺口，如图 2-28 所示。在生产制造中，通常使用两个角度进行模切，第一倾斜角度是 45°，第二倾斜角度是 15°。

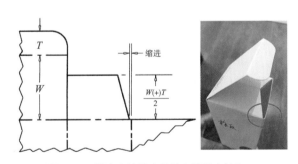

图 2-27　配合摩擦锁定的防尘翼基本结构

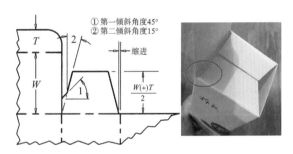

图 2-28　配合摩擦锁定的防尘翼典型结构

（2）配合切缝锁定的防尘翼。

在第一种设计形式的基础上，防尘翼与盒盖相接处的设计不变，需要将开口处的倾斜角改为翼肩加缺口让位结构，如图 2-29 所示。

与摩擦锁定插舌相配合的防尘翼只需要在口沿处缩进一个纸板厚度对插舌进行让位即可，而配合切缝锁定插舌的防尘翼还需要有一个与切缝互锁的结构。如图 2-30 所示，这一段防尘翼翼肩的结构与插舌切缝的长度相匹配，插舌插入后，可以牢牢锁定盒口。翼肩以上部分的倾斜缺口让位，主要是方便开启时手指向内用力。

对于定量比较大的纸板在设计防尘翼时，结构形状上与前两种没有区别，只需要注意防尘翼的折叠线应向下偏移一个纸板厚度，不与盒盖处折叠线相互干涉，方便纸盒成型，如图 2-31 所示。

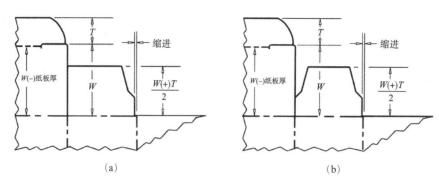

(a)   (b)

图 2-29　配合切缝锁定的防尘翼

图 2-30　配合切缝锁定的防尘翼翼肩结构应用

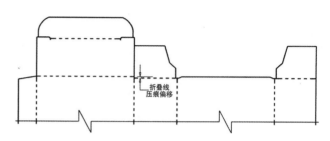

图 2-31　较大定量纸板的防尘翼

除了配合插舌翼封口的防尘翼设计，还有一类是配合无插舌密封封闭盒盖的防尘翼设计，它的设计比较简单，只要满足盒盖（底）的内外两层封闭面板能够顺利折叠成型即可，如图 2-32 所示。

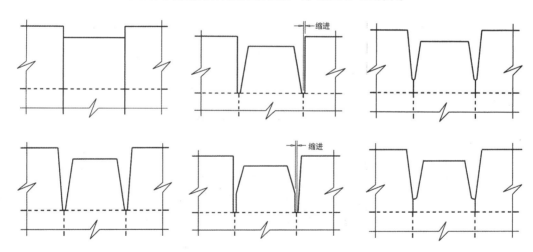

图 2-32　配合无插舌密封封闭盒盖的防尘翼

3. 粘贴翼

制造接头一般是指纸箱的局部结构，对于纸盒来讲，通常称为粘贴翼。

（1）典型的粘贴翼。

图 2-33 所示的是粘贴翼的典型设计形式，图中红色部分表示纸盒的正面，粘贴翼在纸盒的后部右侧的角落处与侧板相连接。

（2）分割面板的粘贴翼。

在粘贴翼的典型结构形式基础上，可以进行分割面板的设计变化，如图 2-34 所示，在纸盒后面板处，将整块面板分割成两个部分，相互重叠粘贴形成粘贴翼。

这种做法在一定程度上会影响纸盒的外观，但是当进行异型纸盒结构设计时，例如正三角形棱柱纸盒，这种做法可以有效地掩饰伪工作线。

（3）配合平分角防尘翼的粘贴翼。

平分角防尘翼，是指如果防尘翼结构与盒盖相连接的部分没有切开，为了能够折叠成型，要从防尘翼平分角处进行正反折叠。如图2-35所示，由于防尘翼的一侧与盖板相连，粘贴翼也要延长至盒盖处，并且要在盒盖的折叠处进行切角处理，以方便与之相连接的盖板能够折叠成型。

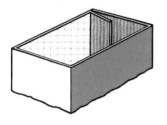 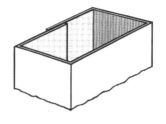 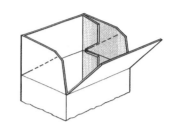

图2-33　典型粘贴翼结构形式与位置关系　　图2-34　分割面板的粘贴翼　　图2-35　配合平分角防尘翼的粘贴翼

粘贴翼还有两种设计形式，统称为完美边缘粘贴翼，平常设计中不常见。其中第一种用于高端礼品盒设计，如图2-36（a）所示，侧面板与粘贴翼粘贴部分延长并向内折叠，使纸盒表面不露出厚纸板的横断切面。另外一种与第一种类似，如图2-36（b）所示，是在纸盒的内部对粘贴翼的横断面进行加工，用于防止液体渗入纸板的未加工边缘，一般用于果汁盒包装。

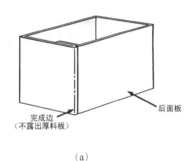 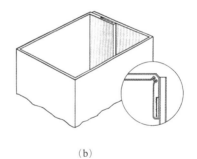

（a）　　　　　　　　　　　　　　（b）

图2-36　完美边缘粘贴翼

4. 盒体套筒

盒体套筒是指常规管型折叠纸盒去掉盒底和盒盖后所余下的套筒结构，如图2-37（a）所示，是大多数管型纸盒的基础结构，常作为滑动盒盖（即盒套）单独出现，一般与盘型纸盒的套件组合。如图2-37（b）所示，这个结构具有黏合和锁定两种封边形式。

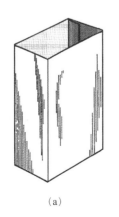 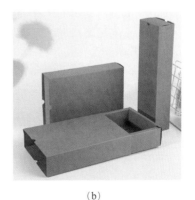

（a）　　　　　　　　　　　　　　（b）

图2-37　管型套筒结构

在以上几种局部结构中，插舌翼在设计中可以用其他的封口结构代替，而防尘翼与粘贴翼是所有管型折叠纸盒不可或缺的辅助结构，应在其基本结构的基础上根据纸盒的封闭需求及与其他封闭结构的配合要求进行尺寸、角度等的变化，不可拘泥于同一种形式。

5. 设计拓展与讨论

某些化妆品包装盒在使用摩擦锁定插舌翼作为盒盖封口时，会在插舌翼的折叠线中心位置开一个短槽，请分析：图 2-38 所示的结构改进具有何种功能？内衬结构是否对这种结构改进有影响？

图 2-38　插舌翼的折线中心位置开一个短槽

（三）管型折叠纸盒的基础封口结构

根据管型折叠纸盒的局部结构，可以将其组合成完整的纸盒结构。其中插舌翼直插封口结构与无插舌翼密封封口结构是管型折叠纸盒的基础结构。在管型纸盒结构设计过程中，首先考虑使用的就是这两种封口，其他的复杂结构设计基本上都是在这些结构的基础上进行变化和拓展的。

1. 插舌翼直插封口结构设计

管型折叠纸盒的插舌翼直插封口结构设计有四大类，分别是标准反向直插合结构、法式反向直插合结构、标准同向直插合结构和飞机式同向直插合结构。在这四种基本结构当中，前两种是反向直插合，后两种是同向直插合。反向与同向，指的是盒底与盒盖开启的方向。

（1）直插封口结构的设计变化形式。

①标准反向直插合结构。

标准反向直插合结构的展开图和立体成型图，如图 2-39 所示。它的结构特点是粘贴翼在纸盒背板的右侧角落处与侧板相连，盒盖封口主翼面板从后向前折叠，盒底封口主翼面板从前向后成型。

这个纸盒的盒盖使用了摩擦锁定的插舌翼，盒底使用了切缝锁定的插舌翼。盒盖开启从前向后，使内装物取出时直接面对消费者，符合大多数人的开启习惯。

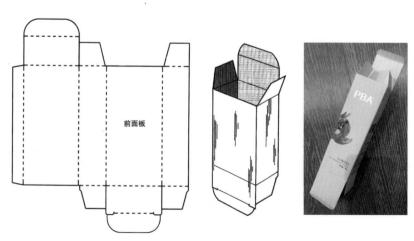

图 2-39　标准反向直插合结构

➡ 启发思考

可以注意到，由于牙膏盒的盒面设计是横向的，引导消费者横向拿取纸盒并开启，那么，这个纸盒是标准反向直插合结构吗？

提示：在判断盒底与盒盖位置时有一个统一的位置标准，即粘贴翼的位置。观察这个纸盒，先将它竖起来，再将粘贴翼放在与侧板相连接的右后侧角落处。这时再观察盒盖与盒底的开启方向。

②法式反向直插合结构。

法式反向直插合结构与标准反向直插合结构的区别在于，盒盖封口的主翼面板与前面板连接折向后面，而盒底封口主翼面板与后面板连接折向前面，如图 2-40 所示。两者结构的相同之处都是粘贴翼在后面板的右侧角落处与侧板连接。（法式反向直插合因其制造设备遵循欧洲标准而得名，一般使用这种设备生产的纸盒结构都是法式反向直插结构。）

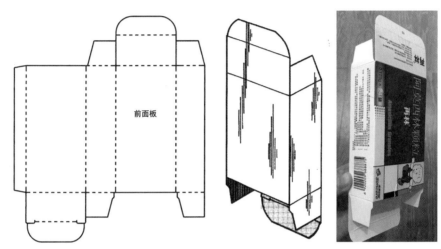

图 2-40　法式反向直插合结构

盒盖开启从后向前，竖直使用时，内装物取出时不能直接面对消费者；横向使用时，内装物从右侧开口处取出时可以面对消费者，符合右手开启习惯的人群。

➡ 启发思考

标准反向直插合结构与法式反向直插合结构都是反向插合结构，即盒盖与盒底的开口方向相反，这样的结构在生产制造时有什么优势？

提示：可以观察纸盒展开结构的整体形态。对于生产者来说，纸盒的生产制造应节约材料、降低成本。这样的展开形状对节约纸板材料有什么作用？

③标准同向直插合结构。

图 2-41 所示的是标准同向直插合结构。这种结构尤其适用于在前展示面板上需要开窗的产品，其结构特点是盒盖与盒底都从前面板折向后面，以防止从主展示面上的任何一端看到纸板的未加工边沿。

这种结构一般是为开窗准备的，从展开图中可以看到，前面板、左右两侧面板和上下两块盖板连成一片，使得这部分面积达到最大，可以让开窗的面积和形状有较宽松的选择，同时对纸盒的强度影响不大。有了开窗的设计，可以帮助消费者更好地选择产品。

当然开窗的面积不能过大，由于开窗后需要在窗口覆膜，所以需要保留一定的窗口边缘面积。

④飞机式同向直插合结构。

图 2-42 所示的是飞机式同向直插合结构。这种结构因纸盒展开结构的外观像一架展翅的飞机而得名。飞机式同向直插合结构与标准同向直插合结构的盒盖与盒底都是从后面板折向前面进行封口的。由于粘贴翼的位置与带盒底盒盖的后面板连接，更方便它向内延长设计出隔板结构。

这四种插舌翼直插合结构，它们的共同特点都是粘贴翼在后面板的右侧角落处与侧板相连接。

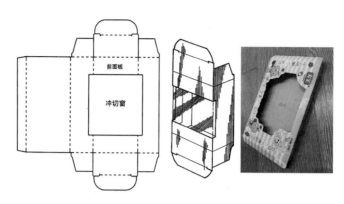

图 2-41 标准同向直插合结构

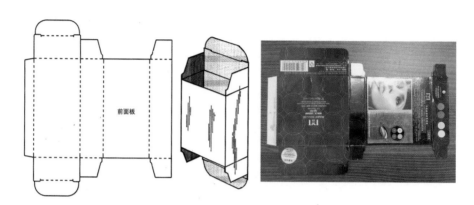

图 2-42 飞机式同向直插合结构

（2）直插封口结构的局部结构改进与拓展设计。

管型折叠纸盒的直插合结构设计，主要是由上面的四种结构形式进行变化。在实际应用中，这四种结构是基础，不仅过于简单，而且封口往往不牢靠，所以会在这四种基本结构的基础上进行一些拓展性的加强设计，以保证封合的可靠性和整体结构的牢固性。一般情况下，通过插舌翼的局部结构改进和防尘翼的局部结构改进来进行结构增强。

①插舌翼增强结构的改进。

图 2-43 所示为邮寄锁结构，是在标准同向直插合结构的基础上增加锁舌插片。锁定插舌是一层附加的保险措施，以保证纸盒不会在运输途中被偶然打开。邮寄锁结构主要用于邮寄产品样品，封口设计十分牢固，用以抵挡较强的外界机械损伤所导致的盒盖脱开。这种结构的缺点是额外增加的锁片结构导致盒底和盒盖的外观受到影响。另外一个常用的插舌翼增强结构改进如图 2-44 所示，从纸盒开口口沿处延伸设计一个舌状翼片，反向插入插舌翼的折叠线处，通常将这种插锁结构称为插舌反锁结构。图中的纸盒是在标准反向直插合结构的基础上增加一个反锁结构，常用于包装需要加强安全性的较重的产品。

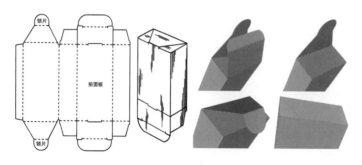

图 2-43 邮寄锁结构

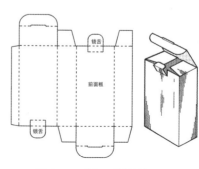

图 2-44 插舌反锁结构

➡ 问题：如果不考虑纸盒外观问题，这两种加强锁定的结构哪一个强度更高？

提示：强度包括锁定强度和承重强度。

②防尘翼增强结构的改进设计。

在防尘翼增强结构的改进设计中，一个设计是平分角防尘翼与反锁结构相结合的设计，如图 2-45 所示。在标准同向直插合结构的基础上，将传统的防尘翼结构更改为平分角结构的防尘翼，从防尘与密封的角度上来讲更加可靠，并且增强了拐角强度和稳定度。

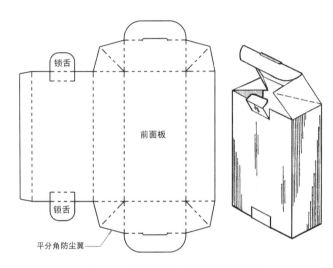

图 2-45 平分角防尘翼插舌反锁结构

➡ 问题 1：防尘翼使用平分角结构后，插舌翼的锁定功能受到何种影响？

➡ 问题 2：该结构中的反锁结构是锦上添花还是不得已为之？

➡ 问题 3：如果不使用反锁结构，平分角防尘翼的结构需要做哪些设计变化？设计时应注意防尘翼与插舌翼的锁定匹配结构。

另一个设计是将防尘翼由平面形态变为互锁形态，如图 2-46 所示。在标准反向直插合结构的基础上，将防尘翼结构改为两片相同的亚瑟锁结构（"亚瑟锁"结构的名称来自第一个设计使用这种结构的人的名字），使两片防尘翼能够相互锁定。它是一个组合面的形式，提高了内装产品的安全性，而且仍旧保持了纸盒盒盖的易开启性。

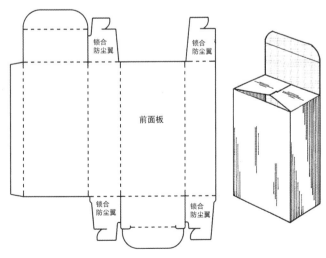

图 2-46 亚瑟锁防尘翼结构

直插封口结构是管型折叠纸盒的基本成型结构之一，在此结构基础上进行设计变化以满足各种功能需求。所以，我们在进行管型折叠纸盒造型与结构设计的时候，一般用直插封口结构。

2. 无插舌翼密封封口结构设计

（1）密封封口结构的设计变化形式。

管型折叠纸盒的无插舌翼密封封口结构设计是管型折叠纸盒基础结构的另一个常用结构形式。

密封封口的基本结构包括三种变化形式：完全交叠封闭结构、部分交叠封闭结构、经济型交叠封闭结构。

①完全交叠封闭结构。

如图 2-47 所示，这种结构一般的封闭次序如下：首先折叠防尘翼，然后将内层封闭面板折叠到位并涂胶，最后将外层封闭面板与内层封闭面板粘贴在一起。

一般情况下，内层封闭面板与后面板相连接，外层封闭面板与前面板相连接，在完全交叠封闭式结构中，内层与外层封闭面板的宽度理论上是相等的。

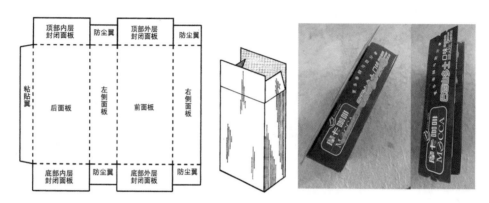

图 2-47　完全交叠封闭结构

②部分交叠封闭结构。

为了节约材料，部分交叠封闭结构的封闭端的内外两个主封闭面板的宽度，都只有纸盒宽度尺寸的一半多一点，仅够留出用于粘贴的粘贴边，如图 2-48 所示。粘贴封闭完成以后，封闭端在外观上看上去有一条明显的接缝，显然这种结构对外观是有影响的。

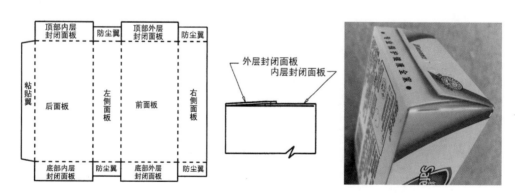

图 2-48　部分交叠封闭结构

③经济型交叠封闭结构。

这种封闭结构的特点是内层封闭面版的宽度只有纸盒宽度的一半，外层封闭面板的宽度与纸盒宽度相同，这样可以同时满足外观和节省材料的要求，如图 2-49 所示。纸盒粘贴成型后，由于外层封闭面板的宽度与纸盒宽度相同，所以纸盒外观不受影响。

"经济型"，是指该结构纸盒在模切排板的时候，通过交换底部的内层和外层封闭面板的位置，纸盒坯在制版时可以连续，达到节省板材的目的。如图 2-50 所示，在模切排版时，前一个纸盒的盒底外层封闭面板与后一个纸盒的盒盖内层封闭面板相连接；同理，前一个纸盒的盒底内层封闭面板与后一个纸盒的盒盖外层封闭面板相连接。这样在模切后，基本上没有废料产生，达到了节省材料的目的。

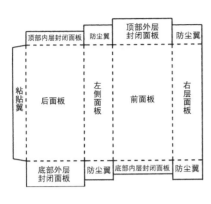

图 2-49 经济型交叠封闭结构

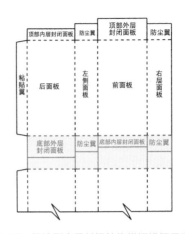

图 2-50 经济型交叠封闭结构模切排版示意图

（2）密封封口结构的局部结构改进与拓展设计。

与直插结构相似，密封封口的这三种结构形式是基本形式。在实际应用中，为了使纸盒在粘贴密封封闭后容易开启，同样需要进行必要的结构拓展设计，使完全封闭的纸盒在功能上得到完善，在到达消费者手中之后能够方便打开。

市场上常见的设计变化形式是纸拉链开启结构，如图 2-51 所示。在完整的外层封闭面板上，预模切纸拉链结构，可使封闭面板在用户使用时容易撕开且不能复原，较好地达到了防盗和开启便利的设计目的。

另一个变化形式是边沿锁结构，如图 2-52 所示。该结构将插舌翼直插结构与密封封口结构相结合，成型时，既将内外层封闭面板进行适当黏合，又利用外层面板边缘处的插舌与内层面板边缘处的插缝相结合，同时保证了纸盒的密封需要与消费者方便开启的需要。

图 2-51 纸拉链开启结构

另外，该结构在模切制版的时候也可以调整尺寸套接在一起，以减少板材的使用面积，其基本原理和前面的经济型封闭结构类似，如图 2-53 所示。

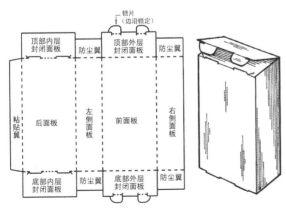

图 2-52 边沿锁结构

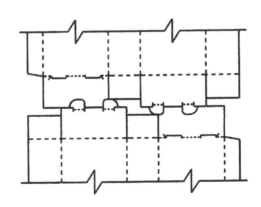

图 2-53 边沿锁结构模切排版示意图

➡ 问题 1：密封封口结构在消费者开启式存在何种操作障碍？如何解决？

➡ 问题 2：直插封口结构中切缝锁定插舌翼的切缝尺寸需要与哪个尺寸相配合？

➡ 问题 3：从盒底与盒盖所起的功能性作用来看，这两种封口结构更适合作为盒盖还是盒底？

在管型折叠纸盒基础结构中，直插封口结构由于其易开、易封合的特点，使得包装不太牢靠。在这种情况下，以可靠密封为特点的密封封口结构成为管型纸盒的另一种基本成型结构。管型折叠纸盒的常规基本结构主要就是直插封口结构与密封封口结构两大类，其他所有管型结构的结构变化形式以及异型管型纸盒的设计，均是在这几种结构的基础上进行展开的。

（四）管型折叠纸盒的基础封底结构

管型折叠纸盒的基础结构有直插封口结构纸盒和密封封口结构纸盒。这两种封闭形式属于管型折叠纸盒的基础封闭形式，既可以用于盒盖，也可以用于盒底。为了满足不同商品装载的需要，目前市场上还普遍使用另外几种专门的盒底封闭结构，主要包括1-2-3锁底结构和自锁底结构。

1.1-2-3锁底结构

（1）1-2-3锁底结构的组成。

1-2-3锁底也称为弹簧锁底。这种结构专门用于盒底封闭，一般与直插封口结构盒盖组合使用，这是一种由手工进行组合并封口的结构形式，常用于深度较浅的管型折叠纸盒的盒底封闭。

如图2-54所示，1-2-3锁底结构由三种形状的面板组成，与前面板连接的主摇翼面板是"凹"字形的体板结构，与左右侧面板连接的是两个"L"形副翼结构，与后面板相连接的主摇翼面板是"凸"字形的。在成型时，第一步是将"凹"字形面板向内折叠90°，然后左右两片"L"形副翼结构向内折叠90°局部覆盖"凹"字形主翼面板，最后折叠"凸"字形主翼面板，将其凸出的部分插入"凹"字形面板缺口的位置。

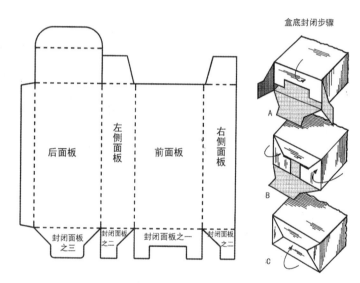

图2-54　1-2-3锁底结构

因为这种盒底结构成型步骤有三步，所以将其称为1-2-3锁底结构。其中两个副翼面板与"凸"字形主翼面板可以增加耳钩的结构变化形式，如图2-55所示，可以提高整体结构的锁合强度。

图2-56表达了三种摇翼面板结构成型后的相互位置关系。

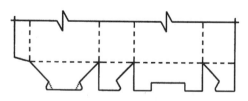

图2-55　1-2-3锁底中增加耳钩的结构变化形式

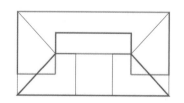

图2-56　1-2-3锁底成型后三种摇翼面板的相互位置关系

（2）1-2-3锁底结构的角度设计。

如图2-57所示，在纸盒的盒底面上（红框虚线表示纸盒底面矩形），OP连接线位于盒底矩形的中线上，将点O和点P与各自临近的旋转点进行连线，所求的角度就是这条连接线与纸盒宽边所构成的角度$\angle a$，及与纸盒长边所构成的角度$\angle b$。$\angle a$和$\angle b$的选择与设计是学习的重点。

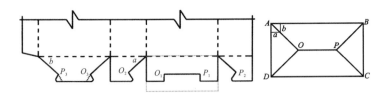

图 2-57　1-2-3 锁底的角度

∠a 与∠b 角度的取值与纸盒的长宽比有关，设计时有以下几种角度取值规律。

①当 A 成型角 α 等于 90°、纸盒的长宽比小于等于 1.5 时，通常取∠a 为 30°，∠b 为 60°，如图 2-58（a）所示。

也可以采用另外一种简单的设计方式，当长宽比小于等于 1.5，尤其是长宽比为 1∶1 的正方形，可以将矩形中线分成三等份，中间两点 O、P 直接与四个角相连接，即可得到∠a 与∠b，如图 2-58（b）所示。

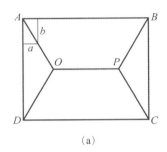

(a)

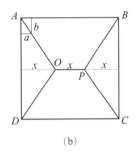

(b)

图 2-58　1-2-3 锁底的角度设计规律 1

②当 A 成型角 α 为 90°，纸盒的长宽比大于 1.5 且小于等于 2.5 时，直接取∠a 和∠b 均为 45°，即取 A 成型角 α 的角平分线，将角平分线延长交于中线上的点 O 和点 P。再根据图 2-59 所示的摇翼位置关系绘制各个面板形状。这是 1-2-3 锁底结构一般的角度设计形式。

③当 A 成型角 α 为 90°，纸盒的长宽比大于 2.5 时，也就是长宽比例悬殊的时候，∠a 和∠b 仍然取 45°，但是需要在长度方向上增加锁定啮合点，参考图 2-60。主摇翼"凹"字形面板和"凸"字形面板中，由于增加了啮合点，形成了一种相互咬合的锯齿状形态，增加了盒底承重能力。

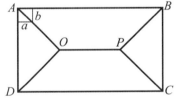

图 2-59　1-2-3 锁底的角度
设计规律 2

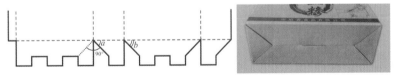

图 2-60　1-2-3 锁底的角度设计规律 3

（3）1-2-3 锁底结构的变化设计。

1-2-3 锁底有另外的变化形式，如图 2-61 中所示的四重锁底（也称为双层锁底或耳勾底）结构，就是由 1-2-3 锁底结构变化而来的。它也是一种由手工进行盒底成型的结构形式，该结构只用作盒底封口，和 1-2-3 锁底一样与直插封口盒盖组合使用。

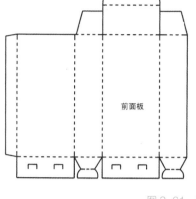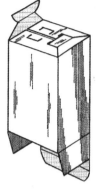

图 2-61　四重锁底结构

➡ 启发思考

插槽的形状为什么画成订书针的形状？只开一个横向槽是否可行？两个"针脚"起什么作用？提示：结合插舌与插槽的成型过程思考。

　　观察图 2-62 中四重锁底结构各面板之间的锁合关系，与 1-2-3 锁底结构的设计方法一样，设计时要确定旋转角 β、插槽与插舌位置关系及 $\angle a$ 与 $\angle b$ 的大小。尤其是设计长宽比为 1：1 的正方形盒底的时候，插槽数量由两个变为一个。

　　1-2-3 锁底封闭结构是目前市场上常用的由手工进行撑盒并封合的结构形式，但由于其成型仅靠几片摇翼结构相互钩锁实现，承重强度一般，常用于内容物较轻、深度较浅的管型纸盒的盒底封闭。

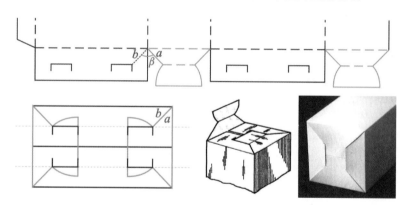

图 2-62　四重锁底结构各面板之间的锁合关系

➡ 问题 1：1-2-3 锁底封闭结构通过手工成型，什么样的结构改进会加大操作难度？

➡ 问题 2：1-2-3 锁底封闭结构改进哪里的局部形状可以增强盒底的锁合强度？

➡ 问题 3：上述两个问题如何寻求解决的平衡点？

2. 自锁底结构

（1）自锁底结构的设计特点。

　　自锁底结构盒底成型后可以折叠成平板状运输，到达纸盒自动包装生产线后，只要撑开盒体，盒底自动成为封合状态，减少了盒底的成型工序和成型时间。因此，该结构比较适合自动化生产和包装。在管型纸盒中，只要有压痕线能够使盒体折叠成平板状，都可以设计自锁底。

　　典型的自锁底纸盒结构如图 2-63 所示。

　　在设计工作开始之前，首先应了解这种结构的成型过程。成型工序包括一般管型纸盒成型时的预折叠工序，与其他管型折纸盒的锁底结构不同的是，自锁底机械成型时的关键一步是四片盒底摇翼均向内对折，两片粘贴角翼片向外对折，再涂胶、粘贴、平板状成型，如图 2-64 所示。

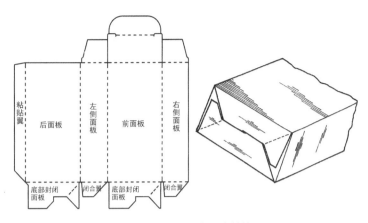

图 2-63　典型的自锁底结构

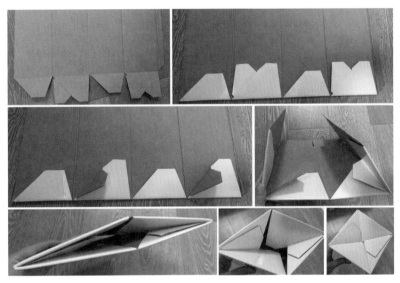

图 2-64　自锁底结构的成型与使用撑盒过程

在管型纸盒结构中，自锁底结构设计的关键结构是成型过程中，两片粘贴角翼片向外对折的那条外折叠线（图 2-65 中 *BG*、*DF*）。该折叠线与纸盒底边成 δ′ 角，δ′ 角以外的部分与相邻副翼黏合形成锁底。

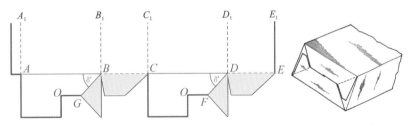

图 2-65　自锁底设计的关键结构

（2）自锁底结构的粘贴角 δ 和粘贴余角 δ′。

①粘贴角（δ）。

如图 2-66 中红色线所示，粘贴角是与旋转点 *B* 相交的盒底工作线（外折叠线 *BG* 或 *DF*）与裁切线所构成的角度，用 δ 表示。当粘贴角粘贴区域与相邻副翼结构粘贴成型时，为避免体板之间相互影响，在实际设计中粘贴角一侧的裁切线要向内平行缩进或向内倾斜一个角度（一般为 2°～5°），如图 2-67 所示。不管这个粘贴角怎样变化，外折叠线（*BG*、*DF*）的位置固定不变，就不会影响自锁底功能。

②粘贴余角（ δ' ）。

从图2-66中蓝色线可以看到，由于外折叠工作线（ BG 、 DF ）位置不变，角 δ' 是一个固定值。所以自锁底设计的结构问题可以归结为粘贴余角 δ' 的求值问题。理论上 δ 加 δ' 等于A成型角 α 。

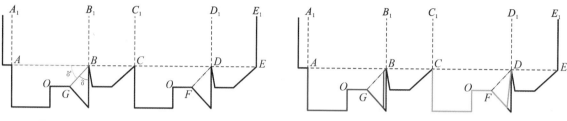

图2-66 自锁底结构的粘贴角和粘贴余角　　　　图2-67 粘贴角的变化形式

（3）自锁底结构设计。

由于A、B成型角都是90°的矩形结构纸盒是自锁底结构设计的特殊情况。下面以一个底部为矩形、盒体为不规则形状的纸盒结构为例，来简单推导计算 δ' 的取值计算过程。

如图2-68和图2-69所示，根据自锁底向内对折、粘贴角向外对折的镜像关系，粘贴角 δ 是图中 $\angle E_2'DE'$ 的平分角，再根据管型折叠纸盒的成型规律中，A成型角 α 、B成型角 γ 之间的关系，可以得到

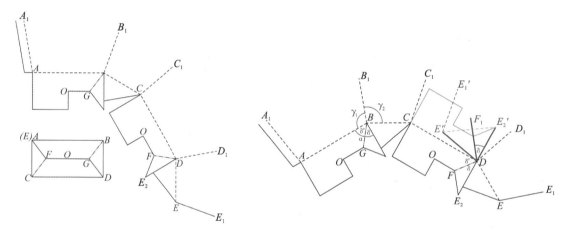

图2-68 不规则形状纸盒自锁底展开结构　　　　图2-69 不规则形状纸盒自锁底推导示意图

$$\angle E_2'DE' = \angle D_1DE' + \angle E_2'DC - \gamma_1 = \gamma_2 + \alpha - \gamma_1 = 2\delta \qquad (2-1)$$

进一步计算，由 $\delta = \dfrac{\gamma_2+\alpha-\gamma_1}{2}$ 和 $\delta+\delta'=\alpha$ 可知，

$$\delta' = \alpha - \delta = \alpha - \left(\frac{\alpha}{2}+\frac{\gamma_2}{2}-\frac{\gamma_1}{2}\right) = \frac{1}{2}(\alpha+\gamma_1-\gamma_2) \qquad (2-2)$$

设此例中， $\gamma_1=110°$ ， $\gamma_2=80°$ ，底面为矩形，则 $\alpha=90°$ ，可计算出： $\delta'=60°$ 。

➡ 问题：常规垂直柱状矩形截面管型折叠纸盒的粘贴余角是多少度？

由式（2-2）可知，当A成型角 α 为90°，B成型角 γ_1 、 γ_2 也是90°时，粘贴余角 δ' 为

$$\delta' = \frac{1}{2}(\alpha+\gamma_1-\gamma_2) = \frac{1}{2}\times(90°+90°-90°) = 45°$$

可见如果不是针对异型结构纸盒进行设计，而是设计一般常用的矩形管型折叠纸盒的自锁底结构，这个45°的粘贴余角可以当作定量值直接应用。

（4）自锁底结构绘图。

自锁底结构的绘图，首先要注意自锁底结构的图形组成，图2-70所示的是一组典型自锁底结构。

自锁底绘图要绘制两组主副翼盒底翼片，其中主翼形状大致占盒底面积的3/4，副翼能够与粘贴角翼片黏合即可。具体绘图规范如图2-71所示，A处为自动锁合底的锁扣，它位于1/2长和1/2宽的交叉处，往下有

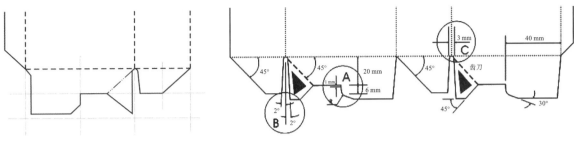

图 2-70 一组典型自锁底结构　　　　　　　　图 2-71 典型自锁底结构绘图

1~2mm 距离，目的是增强锁合度，再往下还有 5mm 的圆弧及一个倾斜角，目的是成型的过程中，能顺利滑行而不受阻碍；B 处的 2° 倾斜角（也可以平移尺寸缩进 1mm）是为了使纸盒在经过模切后便于废料退料；C 处 3mm 的尺寸缩进是为了防止纸在多层折叠后造成该处破裂。

➡ 启发思考

　　与 1-2-3 锁底结构不同，底面形状为正方形时，如图 2-72 所示，计算得出它的粘贴余角也是 45°，这时图形该如何绘制？提示：正方形自锁底的粘贴余角 δ′ 也是 45°，这意味着正方形自锁底盒底成型后可以看到两条对角交叉线。这一点与 1-2-3 锁底结构的设计有明显不同。

　　其他正方形自锁底结构设计范例可以参考图 2-73 的结构。

图 2-72 正方形自锁底结构

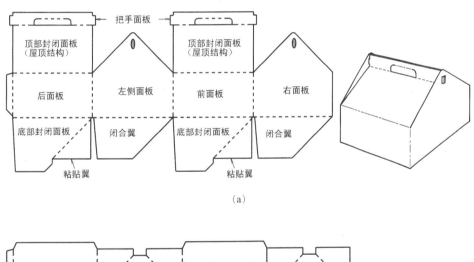

（a）

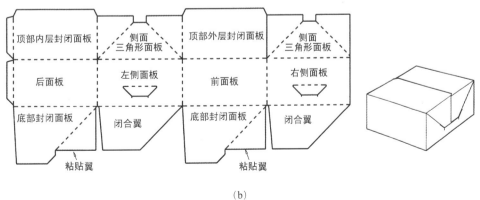

（b）

图 2-73 正方形纸盒自锁底设计范例

自锁底纸盒在成型过程不需要额外组装或进行底部封闭操作，可以极大减少装配时间。并且，自锁底结构可满足自动化包装设备的生产需求，在发货量大、时间紧迫的情况下，自锁底结构将得以广泛使用。

二、盘型折叠纸盒的常规结构设计

（一）盘型折叠纸盒的定义与结构

1.盘型折叠纸盒定义

盘型折叠纸盒是由一张纸板以盒底为中心、四周纸板以直角或斜角折叠成主要盒型，角隅处通过锁、粘或其他方法封闭成型，一个侧板可以延伸组成盒盖。盒底几乎无结构变化，主要的结构变化在盒体。

➡ 拓展联想：过去在没有箱笼一类容装器具的时候，人们外出携带随身衣物是用什么打包？

在观看古装题材的影视片时，注意过行人的包袱吗？包袱与今天的盘型纸盒都是由一块大面积底板向四周延伸用来裹包物品的，如图2-74所示。

图 2-74　传统包袱

2.盘型折叠纸盒的结构

如图 2-75 所示为盘型折叠纸盒展开图和立体结构图。盘型折叠纸盒就是由其盘状外观形态命名的。展开图中面积最大的一块体板称为底板，底板的形状没有太多的变化，基本上就是一个平面图形。底板四周有四块垂直壁板。一般情况下，将与长度方向连接的壁板称为侧板，将与宽度方向连接的壁板称为端板。成型时，能够将侧板和端板连接起来的结构称为角副翼。侧板和端板可以是单层的，也可以是双层的，由于单双层结构的不同，它们的成型过程也有较大区别。

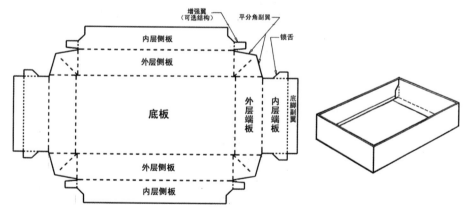

图 2-75　盘型折叠纸盒结构

盘型折叠纸盒以平板状进行储运。部分盘型纸盒的类型与管型折叠纸盒一样，是在设备上粘贴成型以后折叠成平板状态进行储存和运输的。部分盘型纸盒直接以平板状盒坯进行储运，所有的成型或组装均由使用者完成。成型或组装工序既可以使用手工操作，也可以使用半自动或全自动包装机械完成。

这里所说的使用者不是指消费者，主要指需要用包装盒包装自己产品的产品生产者，还有一部分使用者指的是零售场所进行产品临时包装的使用人员。

3.盘型折叠纸盒的成型方式

（1）黏合成型。

黏合成型需要在侧板与端板之间的连接件角副翼上涂胶，通过粘贴的方式使侧板和端板连接为一体。不管是单壁盘型纸盒还是双壁盘型纸盒，都存在这样的粘贴成型方式。这是一种最简单的成型方法。盘型折叠纸盒的黏合成型方式如图 2-76 所示。

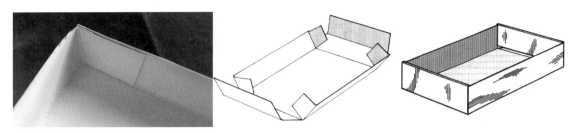

图 2-76　盘型折叠纸盒的黏合成型方式

（2）锁合成型。

这种成型方法不使用胶水，一般情况下将角副翼设计成带钩锁的形式，同时在相邻的端板或侧板上设计出与钩锁形状相对应的插槽结构，成型时只需要将钩锁状态的角副翼插入插槽中，就可以将端板与侧板相连。锁合成型见图 2-77。

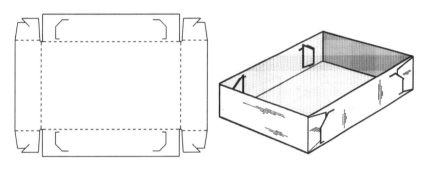

图 2-77　盘型折叠纸盒的锁合成型方式

按照这样的成型连接需求，可以设计出种类繁多的锁合结构，如图 2-78 所示为不同的锁合结构设计。

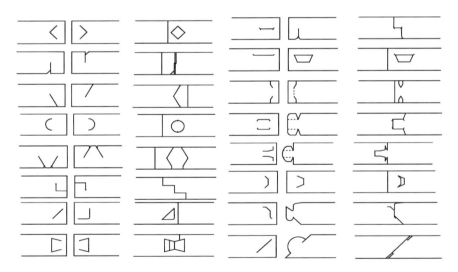

图 2-78　不同的锁合结构设计

（3）组装成型。

大部分双壁盘型纸盒都是通过组装成型的。组装成型结构中的角副翼，一般情况下多使用平分角结构。组装成型不需要使用胶，也不需要使用钩锁结构，完全靠底板、内外层侧板或端板与角副翼之间的相互配合实现锁定。

图 2-79 中纸盒的内外两层侧板上连接有两层角副翼，如图 2-79（a）所示，成型时所有的角副翼都夹入内外两层端板中。需要注意：成型后的端板底角副翼需要压在侧板底脚副翼之下，如图 2-79（b）所示，才能使纸盒各组件牢靠组合。

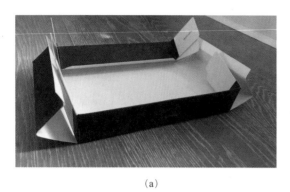
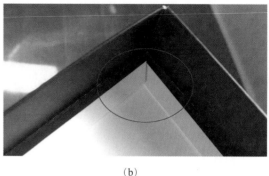

(a)   (b)

图 2-79　双层壁板盘型纸盒组装成型

通过观察盘型折叠纸盒的这三种成型方式，我们可以看到：不管如何成型，起到重要连接作用的结构都是角隅处的角副翼，所以盘型折叠纸盒的设计主要强调角副翼的结构设计。

4. 盘型纸盒的角副翼

角副翼从形状和结构上分为两种：一种是适合单壁盘型纸盒使用的粘贴或锁合角副翼；另一种是适合双壁盘型纸盒使用的平分角角副翼。

（1）粘贴角副翼。

通常情况下，角副翼与侧板或端板相连。它的宽度不超过纸盒的深度，长度不超过相邻壁板长度的 1/2，如图 2-80 所示。

根据折叠纸盒的旋转成型特性，角副翼成型时，先要将角副翼的折叠线旋转 90°，使其与所连接的壁板成垂直状态，然后再将该壁板沿折叠线旋转 90°，使该侧的壁板与底板成垂直状态，相邻的壁板旋转成型时，便与角副翼接触。

需要注意：为了防止粘贴后角副翼的上边缘溢出相邻壁板的上边缘，角副翼需要有一个带有圆角或斜角的尺寸缩进，如图 2-81（a）所示，这个缩进量一般情况下是

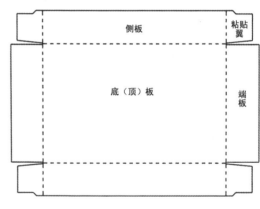

图 2-80　单壁盘型纸盒的粘贴角副翼

1mm 左右；为了防止粘贴后角副翼下边缘与相邻壁板折叠线处相互干涉，角副翼的这一侧也要有一个尺寸缩进，如图 2-81（b）所示，缩进量一般取 1mm 或 1 到 2 个纸板厚度。

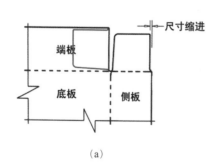
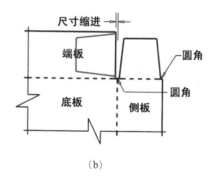

(a)   (b)

图 2-81　粘贴角副翼的尺寸缩进

同样地，如果制造纸盒使用的是定量较大的纸板，应注意角副翼折叠线与它相邻的壁板成型折叠线之间要有让位的偏移量，以使成型时相互之间不产生干涉，这个偏移量以纸板厚度为单位，如图 2-82 所示。

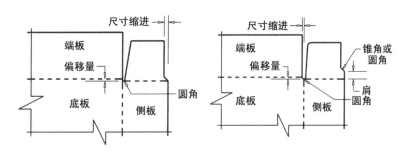

图 2-82　厚纸板、纸盒折叠线尺寸偏移

（2）平分角角副翼。

平分角角副翼与外层端板和外层侧板同时相连接，通常情况下用于双壁盘型纸盒中。如图 2-83 所示，设计的时候要注意，平分角角副翼中的角平分线在成型时需要向外对折，然后夹入邻近的双层端板之间，所以平分角角副翼的两个边沿都应当有尺寸缩进或角度渐缩，以防止成型时与内外层端板之间的对折折叠线产生干涉。

另外，如果双壁盘型纸盒深度较浅或使用的纸板定量较大，需要对其可能产生的壁板外张现象进行折叠线角度偏移补偿，如图 2-84 所示。

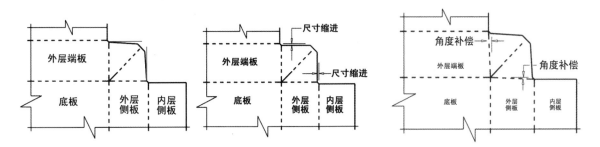

图 2-83　平分角角副翼的尺寸缩进　　　图 2-84　双壁盘型纸盒平分角角副翼的折叠线角度偏移补偿

（二）单壁盘型折叠纸盒的结构设计

盘型折叠纸盒的基本结构包含三个部分：单壁盘型折叠纸盒、双壁盘型折叠纸盒、中空双壁盘型折叠纸盒。

典型的单壁盘型折叠纸盒，都需要通过角副翼进行粘贴或锁合成型，根据机械自动化成型程度的不同，单壁盘型折叠纸盒结构又分两类。

第一类为机械预黏合的单壁盘型折叠纸盒。机械预黏合，需要在设备上将角副翼全部粘贴成型以后，再折叠成平板状进行存储和运输。从这一点上来讲，机械预黏合的单壁盘型折叠纸盒，与管型折叠纸盒的设计思路是基本相同的。

第二类为用户黏合或锁合成型的单壁盘型折叠纸盒，这意味着纸盒盒坯在设备上只需要进行预折叠，而不需要将角副翼粘贴在相应的体板上，然后直接以平板状盒坯的形态进行存储和运输，到达使用者手中以后，再根据需要进行粘贴加工成型。

1. 机械预黏合的单壁盘型折叠纸盒结构

（1）典型结构形式。

①比尔式预成型单壁盘型纸盒。

这种盘型纸盒的结构特点是粘贴角副翼与端板相连接（图 2-85），由包装机黏合成型并折叠成平板状运输至使用部门，是一种典型的可自动撑盒结构。

这里需要注意：管型折叠纸盒为了满足机械化纸盒成型后平板状折叠的基本需求，设计重点在于成型工作线。机械预黏合的单壁盘型折叠纸盒也需要满足在机械设备上成型之后平板状折叠的需求，其设计的关键结构就是折叠角的折叠线。

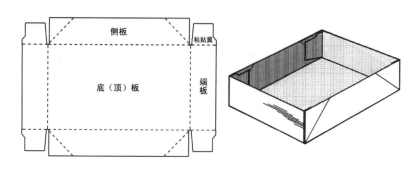

图 2-85　比尔式预成型盘型纸盒

在比尔式预成型单壁盘型纸盒结构中，折叠角的折叠线设置在侧板上，粘贴角副翼与端板连接，这两部分不在同一个体板上。

在基本的比尔式单壁预成型纸盒的结构基础上，可以在端板一侧进行延长设计，增加一个摇盖结构。摇盖结构的设计形式可以参考图2-86，可以看到，为方便盒盖的成型与使用，设计时将端板的尺寸延长、将侧板的尺寸缩短，使得盒体结构看上去与典型的比尔式预成型单壁盘型纸盒结构似乎有所不同。

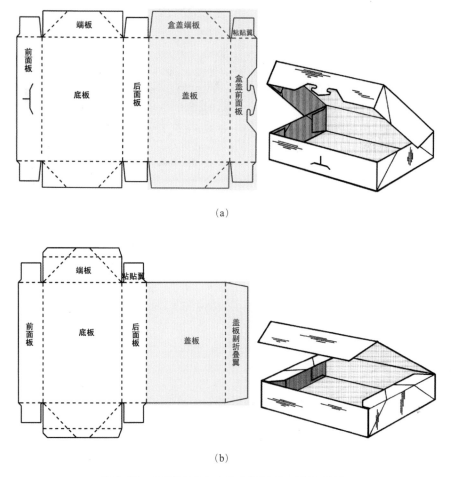

图 2-86　带摇盖的比尔式预成型盘型纸盒设计范例

判断纸盒结构为比尔式结构，依据有两个：①粘贴角副翼与端板连接，折叠角折叠线在侧板上；②这两部分结构不在同一个体板上。

②布莱特伍德式预成型单壁盘型折叠纸盒。

这种盘型折叠纸盒的结构特点是粘贴角副翼在侧板上，同时折叠角的折叠线也在侧板上，这两个结构在同一块体板上（图 2-87）。纸盒在包装机上粘贴成型后成平板状运输至使用部门，也是典型的可自动撑盒结构。这种结构纸盒的折叠角的折叠线的角度设计要求与比尔式相同。

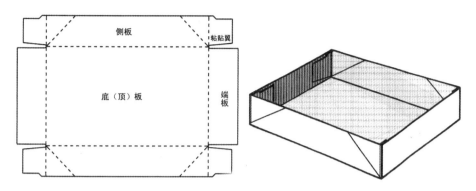

图 2-87　布莱特伍德式预成型盘型折叠纸盒

（2）折叠角的内折叠与外折叠。

折叠角的折叠问题关系到预成型盘型折叠纸盒平板状折叠储运的要求，折叠角的折叠有两种方向，即内折叠和外折叠，如图 2-88 所示。

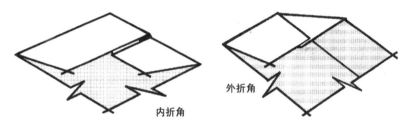

图 2-88　折叠角的内折叠与外折叠

通常情况下，比尔式预成型盘型折叠纸盒的折叠角结构以内折叠的方式成型，布莱特伍德式预成型盘型折叠纸盒的折叠角以外折叠的方式成型。图 2-89 和图 2-90 分别显示了比尔式内折叠角与布莱特伍德式外折叠角的成型过程。

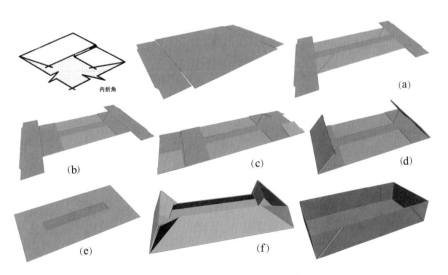

图 2-89　比尔式内折叠角的成型过程

(a) 将两个侧板向内对折成型；(b) 将侧板上的折叠角向外对折成型；(c) 将端板上的两片粘贴角副翼向内对折成型；

(d) 在两片粘贴角副翼上涂胶；(e) 将涂好胶的端板向内折叠成型，同时，与侧板上的折叠角进行粘贴；(f) 撑盒

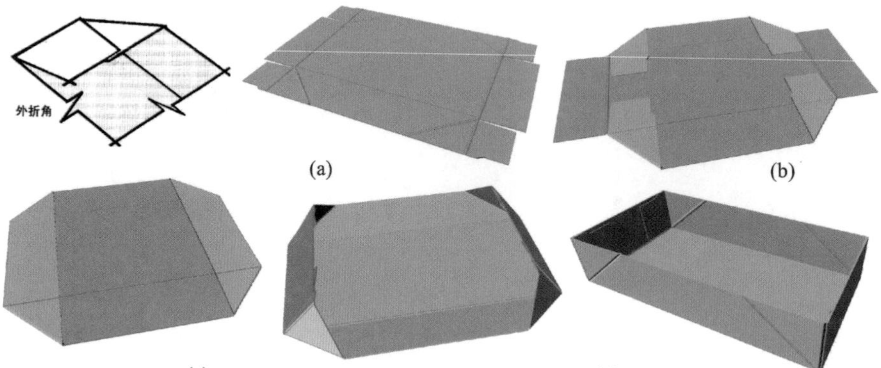

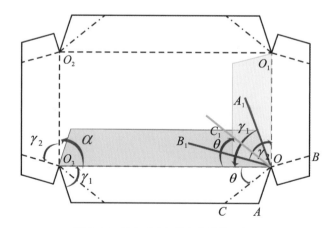

图 2-90　布莱特伍德式外折叠角的成型过程

(a) 将侧板上的折叠角向内对折成型; (b) 直接在两个粘贴角副翼上涂胶;

(c) 将端板向内对折叠成型, 直接粘贴在涂好胶的粘贴角副翼上; (d) 撑盒

显然, 从成型操作步骤上来看, 布莱特伍德式的外折叠角的成型比比尔式的内折叠角的成型要简单。在实际应用中, 为合理应用内外折叠角的内倾、外扩趋势, 经常要将这两种结构进行搭配。

（3）折叠角的计算。

根据内折叠角与外折叠角的成型过程, 以两个非垂直形态的单壁盘型纸盒为例, 讨论在壁板非垂直状态下, 任意角度的 B 成型角单壁盘型纸盒的折叠角大小的计算取值。

①比尔式内折叠角的计算。

如图 2-91 所示, 根据内折叠角的成型方式, 侧板向内对折成型, 得到 OA 的镜像 OA_1、折叠线 OC 的镜像 OC_1, 端板向内对折时, 得到 OB 的镜像 OB_1。在任意角度下, 若使折叠角折叠后纸盒呈平板状, 需要让 OC_1 成为 $\angle A_1OB_1$ 的角平分线。

图 2-91　比尔式内折叠角的计算示意图

内折叠角用字母 θ 表示, $\angle COO_3 = \angle C_1OO_3 = \theta$, 以顶点 O 为旋转点的 A 成型角和 B 成型角分别是:

$\angle O_1OO_3 = \alpha$, $\angle O_3OA_1 = \gamma_1$, $\angle O_1OB_1 = \gamma_2$

由图中可知

$$\theta = \frac{1}{2}\angle A_1OB_1 + \angle B_1OO_3 \qquad (2-3)$$

已知: $\angle A_1OB_1 = \gamma_1 + \gamma_2 - \alpha$, $\angle O_3OB_1 = \alpha - \gamma_2$

所以计算结果是

$$\theta = \frac{1}{2}(\gamma_1 + \gamma_2 - \alpha) + (\alpha - \gamma_2) = \frac{1}{2}(\alpha + \gamma_1 - \gamma_2) \qquad (2-4)$$

若 $\alpha = 90°$，$\gamma_1 = 70°$，$\gamma_2 = 80°$，

则 $\theta = \dfrac{1}{2} \times (90° + 70° - 80°) = 40°$

盘型纸盒的四个壁板都是垂直状态的常规结构纸盒是其中的特例，这时

$\alpha = 90°$，$\gamma_1 = 90°$，$\gamma_2 = 90°$，

则 $\theta = \dfrac{1}{2} \times (90° + 90° - 90°) = 45°$

所以，常规的横截面为矩形的直立壁板盘型纸盒折叠角的理论值是 45°，为防止粘贴角副翼粘贴后粘贴边会溢出底板，设计中应考虑边缘的缩进，这个角度应小于 45°，一般为 43.5°。

②布莱特伍德式外折叠角的计算。

如图 2-92 所示，与比尔式内折叠角推导方式相同，根据外折叠角的成型方式，端板向内对折时，得到 OB 的镜像 OB_1。在任意角度下，若使折叠角折叠后纸盒呈平板状，需要让 OC 成为 $\angle AOB_1$ 的角平分线。

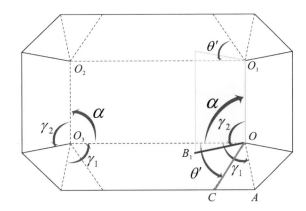

图 2-92　布莱特伍德式外折叠角的计算示意图

外折叠角用 θ' 表示，$\angle COO_3 = \theta'$，以顶点 O 为旋转点的 A 成型角和 B 成型角分别是：$\angle O_1OO_3 = \alpha$，$\angle O_3OA_1 = \gamma_1$，$\angle O_1OB_1 = \gamma_2$。

由图中可知

$$\theta' = \frac{1}{2} \angle AOB_1 + \angle B_1OO_3 \qquad (2\text{-}5)$$

已知：$\angle AOB_1 = \alpha + \gamma_1 - \gamma_2$，$\angle B_1OO_3 = \gamma_2 - \alpha$

所以计算结果

$$\theta' = \frac{1}{2}(\alpha + \gamma_1 - \gamma_2) + (\gamma_2 - \alpha) = \frac{1}{2} \times (\gamma_1 + \gamma_2 - \alpha) \qquad (2\text{-}6)$$

若 $\alpha = 90°$，$\gamma_1 = 100°$，$\gamma_2 = 100°$，

则 $\theta' = \dfrac{1}{2} \times (100° + 100° - 90°) = 55°$

盘型纸盒的四个壁板都是垂直状态的常规结构纸盒是其中的特例，这时

$\alpha = 90°$，$\gamma_1 = 90°$，$\gamma_2 = 90°$，

则 $\theta' = \dfrac{1}{2} \times (90° + 90° - 90°) = 45°$

（4）预成型单壁盘型折叠纸盒应用实例。

在机械预黏合单壁盘型纸盒中，比较常见的是航空用快餐盒的结构。

➡ 举例1，图 2-93：这个纸盒的基本结构是比尔式结构与布莱特伍德式结构的组合，可以看到，布莱特伍德式结构是外折叠角成型，比尔式结构在内侧是内折叠角成型。

图 2-93　机械预黏合单壁盘型纸盒例 1

➡ 举例 2，图 2-94：图中纸盒的四个角都是比尔式折叠角结构，由于其向内倾倒的趋势，在纸盒成型以后，如果盒子内部没有装满内容物，盒子很难撑开。

图 2-94　机械预黏合单壁盘型纸盒例 2

2. 用户黏合或锁合成型的单壁盘型折叠纸盒结构

从基本结构特征上来讲，这一类结构的外观形状也是布莱特伍德式盘型纸盒与比尔式盘型纸盒两类。不过由于它们不需要在机器设备上进行预黏合，在纸盒侧板上没有折叠角结构。

（1）用户黏合成型。

图 2-95 所示是典型的布莱特伍德式盘型纸盒，它在存储和运输的状态下就是这个平面的盒坯结构，在到达使用部门后，再放到包装机上进行粘贴成型，成型后就不能再折叠成平板状了。结构设计中也可以增加摇盖结构，即延长侧板增加一个盒盖结构，如图 2-96 所示。

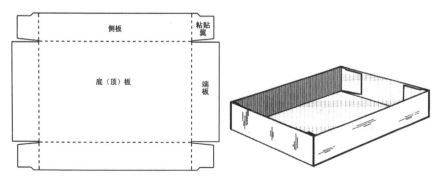

图 2-95　用户黏合成型的布莱特伍德式盘型纸盒

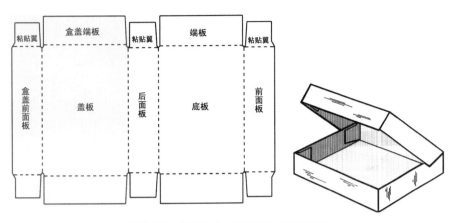

图2-96　带摇盖的布莱特伍德式盘型纸盒

47

（2）用户锁合成型。

用户锁合的比尔式盘型纸盒如图2-97所示，它把粘贴角副翼改成了钩锁结构的角副翼，成型的方式是锁合成型。在这个结构的基础上也可以在端板外延伸设计，增加摇盖，如图2-98所示。

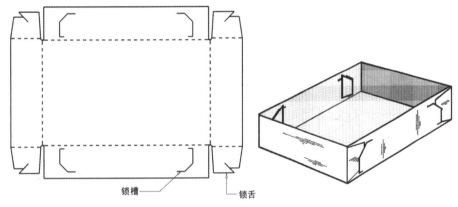

图2-97　用户锁合成型的比尔式盘型纸盒

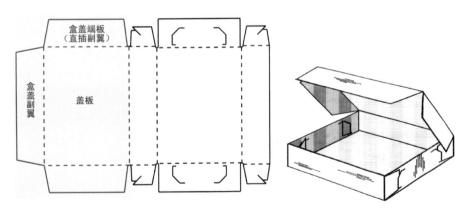

图2-98　带摇盖的比尔式盘型纸盒

从盘型纸盒结构设计拓展的角度考虑，这个锁合成型的比尔式盘型纸盒还可以转换方向（例如扭转45°），再分别在两个侧板和两个端板的外侧进行延长设计，如图2-99所示。成型时，除了钩锁结构以外，延长出来的四片三角形结构，可以交叉叠放，最后在最外面交叠处粘贴一个封口标签。这个结构不仅可以较好地保护内装物，还可以作为有趣的礼品包装盒。

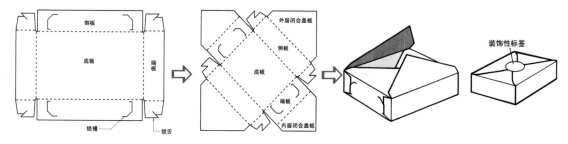

图 2-99　用户锁合成型的比尔式盘型纸盒结构设计拓展

（三）双壁盘型折叠纸盒的结构设计

双壁盘型纸盒在目前市场上应用广泛。显而易见，无论是从强度上还是从外观整齐度上，双壁盘型折叠纸盒都比单壁盘型纸盒要有优势。

双壁盘型折叠纸盒分为三种类别：单层侧板／双层端板的盘型折叠纸盒；侧板和端板都是双层的双壁盘型折叠纸盒；两层壁板之间有一定宽度距离的中空双壁盘型折叠纸盒。

1. 单层侧板／双层端板的盘型折叠纸盒

（1）由单壁纸盒直接变化。

在单壁盘型折叠纸盒的基础上简单变化如图 2-100 所示，在布莱特伍德式单壁盘型纸盒的基础上，将一对角副翼变化成亚瑟锁结构。成型时，一对亚瑟锁角副翼在端板的外侧进行锁定。成型后，作为外层端板的亚瑟锁结构使这个纸盒成为双层端板盘型结构。这个纸盒需要手工操作成型，因其外观不佳，主要作为批发包装的设计形式，很少作为销售用零售包装。

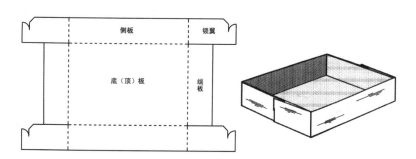

图 2-100　亚瑟锁结构的盘型折叠纸盒

（2）典型的粘贴成型的双层端板盘型折叠纸盒。

典型的粘贴成型的双层端板的盘型折叠纸盒结构是在单壁盘型纸盒的基础上，增加了一层端板结构，从而使整个纸盒的垂直载荷强度有所增加。如图 2-101 所示是简单的双层端板的布莱特伍德式盘型折叠纸盒，这种结构最后完成的包装件具有三层厚度的端板，具备良好的垂直堆码强度。

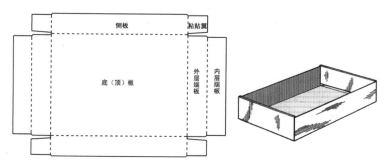

图 2-101　典型的粘贴成型的双层端板盘型折叠纸盒

成型时，内层端板的高度略小于外层端板，所以需要将内外层端板进行黏合。粘贴角副翼可以粘贴在内外两层端板的中间，也可以不粘贴。粘贴成型的双层端板盘型纸盒的成型过程如图 2-102 所示。

图 2-102　粘贴成型的双层端板盘型纸盒的成型过程

这个纸盒结构中，两层端板需要粘贴成型，即纸盒成型时需要将内层端板粘贴在外层端板上，如果不用胶水，那么内层端板就需要采取其他的结构形式固定成型，常用的设计方法有下面两种。

①插别底脚副翼（图 2-103）。

在内层端板触及底板的位置延长设计一个底脚副翼结构，脚是与底板接触的副翼结构。虽然这个副翼结构可以靠摩擦力与底板结合，但为了更加牢靠地进行锁定，可以在底板上开一个锁槽。将这个底脚副翼插别在锁槽内，内层端板可以可靠固定。原来的粘贴角副翼，放置在内外层端板中间起连接作用，在纸盒成型后无法脱出，可以不用涂胶粘贴。出于美化外观和有效防尘的需要，有时也可以将角副翼更改为平分角角副翼结构形式。

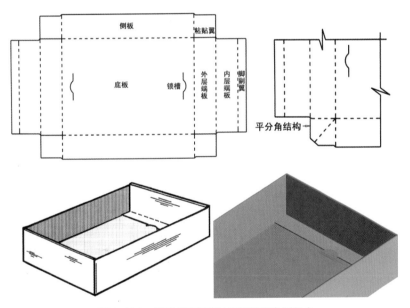

图 2-103　插别底脚副翼的双层端板盘型纸盒

②插舌插合固定（图 2-104）。

在内层端板的端部设计两个插舌结构，同时在底板对应的外层端板的折叠线处增加两个插槽，当内层端板向内对折成型的时候，可以将插舌插入槽内，也可以实现内端板可靠固定的目的。这种使用插舌固定的设计方法，在盘型瓦楞纸盒的设计中广泛使用。应注意插舌在插槽内的状态，插舌的长度不应超出底板。

2. 双壁盘型折叠纸盒

在这一类纸盒结构中，侧板和端板都是双层的，纸盒结构强度更好。

（1）粘贴成型的双壁的布莱特伍德式纸盒。

简单粘贴成型的双壁的布莱特伍德式盘型折叠纸盒，在典型的粘贴成型的双层端板盘型折叠纸盒结构的基础上，将侧板变成双层结构，如图 2-105 所示，纸盒的侧板和端板都是典型的黏合结构，由机器折叠成型，然后由用户进行黏合使用。为了方便粘贴，内层侧板和内层端板都比其相对应的外侧板和外端板的宽度稍短。

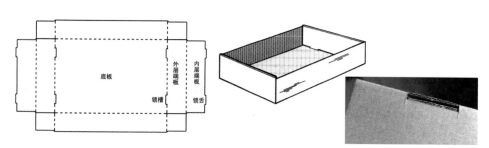

图 2-104　插舌插合固定的双层端板盘型纸盒

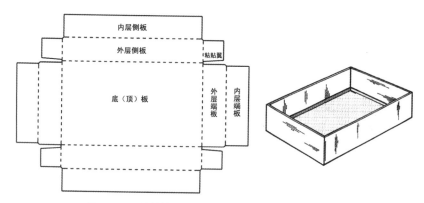

图 2-105　简单粘贴成型的双壁布莱特伍德式盘型纸盒

在图 2-105 的基础上，延长四片内层壁板形成底脚副翼，与底板接触，可以靠摩擦力固定，如图 2-106 所示。

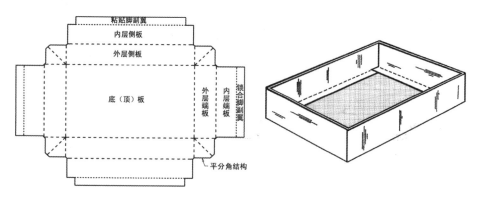

图 2-106　带底脚副翼的双壁布莱特伍德式盘型纸盒

　　该纸盒结构的使用中，如果纸板厚度较大、定量较大，且纸盒深度较浅，在壁板成型时会因纸板的弹性使外层壁板有向外扩的趋势，内层壁板也有向内滑动趋势，造成底脚副翼很难靠摩擦力稳定在底板上，会影响纸盒的顺利成型。为了解决这个问题，可以将内层壁板的尺寸设计得比外层壁板稍小。内层壁板向内折叠时，先使外层壁板稍向内倾斜，当内层壁板垂直接触底板时，将底脚副翼粘贴固定在底板上。如图 2-107 所示，一个由内外层两片壁板形成的细小的三角形缝隙，可以减少大多数较浅的盘型纸盒的壁板向外倒的趋势。

　　（2）侧板粘贴的双壁盘型纸盒。

　　如图 2-108 所示是常见的侧板粘贴的盘型结构，这个结构的纸盒的内侧板与外侧板高度不同，前者尺寸略小。成型时内侧板需要黏合到外侧板上，它既可以进行手工撑盒操作，也可以机械成型。其成型过程示意图见图 2-109。注意图中红圈标注位置的相互锁定的结构关系。

侧板向内折叠并粘贴

图 2-107　底脚副翼粘贴固定

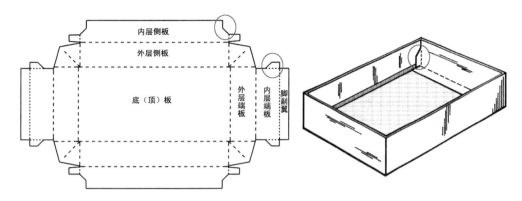

图 2-108　侧板粘贴的双壁盘型纸盒

图 2-109　侧板粘贴的双壁盘型纸盒成型过程示意图

　　如果平分角角副翼结构需要通过粘贴固定在内外层端板之间，可以在平分角结构上增加一个粘贴翼，如图 2-110 所示，粘贴翼的增强使外端板的内表面更加牢固。注意图中标红圈位置的相互锁定的结构关系。

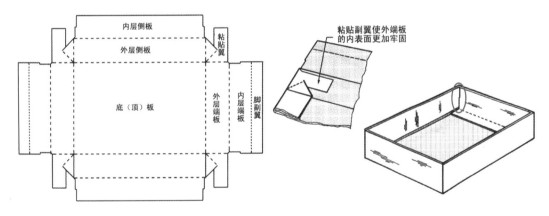

图 2-110　平分角粘贴翼改进设计

　　（3）免胶组装成型的双壁盘型纸盒。
　　由于市场普遍存在的环保要求以及成型效率的要求，大多数的双壁盘型纸盒成型的过程当中不使用胶黏。这时常见的设计结构就是摩擦锁合底脚副翼。这种结构不需要黏合就可以成型，而且是典型的手工操作成型结构。四个角隅处与外层侧板相连接的角副翼，插入双层端板中间，底脚副翼通过角落处的角度匹配，可以在底板上相互摩擦锁合，如图 2-111 所示。当然，也可以将这四个底脚副翼用插舌和插槽的结构来替代，如图 2-112 所示。
　　➡ 设计提示
　　在以上双壁盘型折叠纸盒的设计范例及其变化形式中，可以看到，由于成型的需要，比尔式的结构几乎是不存在的，所有的纸盒结构都是在布莱特伍德式的结构基础上进行设计变化的。其中主要的特征便是角副翼结构均与侧板相连接，成型时折入内外端板之间，即使使用平分角角副翼，也是在其对折后折入内外端板之间以保证纸盒成型。

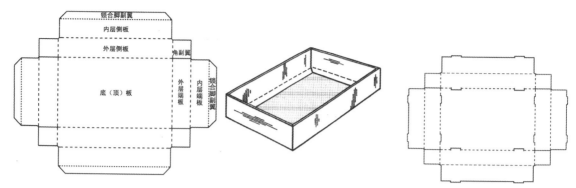

图 2-111 免胶组装成型的双壁盘型结构 1　　图 2-112 免胶组装成型的双壁盘型结构 2

3. 中空双壁盘型折叠纸盒

中空双壁盘型折叠纸盒是双壁盘型折叠纸盒的一种变化形式（图 2-113）。它的内外壁板不是直接对折成型的，而是在内外壁板之间有一段中空的距离，所以成型后内装产品与纸盒外壁之间有一个框架性结构。

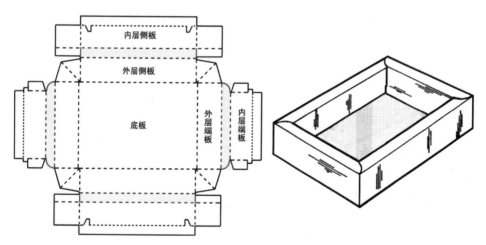

图 2-113 中空双壁盘型折叠纸盒结构

中空双壁盘型折叠纸盒通常由手工操作进行撑盒及装盒，框架结构主要用来增加产品包装的附加价值。这种盘型折叠纸盒可以在一定程度上扩大产品包装的体积（图 2-114）。在商业应用中，中空双壁盘型折叠纸盒通常与管型套筒结构配套使用，形成抽屉状结构，方便消费者取用商品以及复用保存，如图 2-115 所示。

图 2-114 中空双壁盘型折叠纸盒　　　　图 2-115 中空双壁盘型纸盒与管型套筒配套使用

4. 中空壁板的设计变化形式

（1）矩形中空壁板。

一般情况下，中空壁板的框架是矩形的，而且内外壁板的高度相同，称为等高矩形的中空壁板。这是简单的中空壁板形式。

在常规中空壁板的结构基础上，可以进行一些简单的结构变化，例如图 2-116 所示的预黏合的不等高矩形中空壁板。

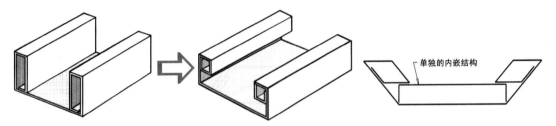

图 2-116　不等高矩形中空壁板结构

这种变形结构通常与一块单独的插入式隔板联合使用。不等高中空壁板对插入件起到固定作用。两个结构组件的配合可以将纸盒内部划分成上下两层空间结构，所以该结构具有规定包装件外形、保护产品、抗压减震等功能。

（2）三角形中空壁板。

如图 2-117 所示的三角形中空壁板结构，内层壁板与底板之间为垂直关系，外层壁板有一定的倾斜角度，使纸盒的外观呈梯形棱台状。这是免胶的设计方式，底脚副翼向外层壁板方向折叠形成三角形，以保证形成形状规则的中空壁板的横截面。

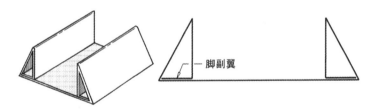

图 2-117　三角形中空壁板结构 1

图 2-118 的结构是三角形中空壁板设计的变化形式，称为预黏合的三角形中空壁板。侧板已黏合成传统的直角（垂直边）形状，即矩形中空壁板，内侧板上额外加的折叠线使该板可以向内折叠形成具有三角形横截面的中空壁板。该结构指出了设计容积可变的纸盒结构的可行方式。

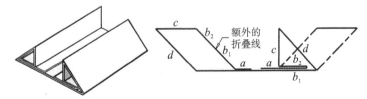

图 2-118　三角形中空壁板结构 2

（3）不规则形中空壁板。

除了常规的矩形和三角形中空壁板，还有一类不规则形中空壁板的设计形式。这种形式把中空壁板的设计进行了拓展。

图 2-119 显示了一种预黏合的等高不规则形中空壁板结构，它与等高的矩形中空壁板结构相比是一种有趣的变形体，它对内装物具有同样的保护作用，却增加了斜边框架的视觉效果。这种中空壁板纸盒在成型以后，壁板外侧是常规的矩形结构，而内侧壁板却将纸盒内部空间变成了其他的形状。在图中可以看到，底脚副翼粘贴在底板上，用于固定内侧壁板。底脚副翼之上还可单独粘贴一块内嵌的底板结构，以保证纸盒内部的整齐美观。

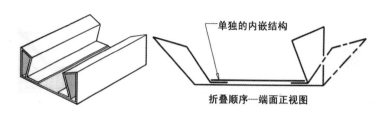

图 2-119　预黏合的等高不规则形中空壁板结构

在等高不规则形中空壁板结构基础上，可以设计不等高的不规则形中空壁板（图 2-120），这种结构可以与一块单独的插入式隔板联合使用对盒体内部空间进行有效划分，还可以节约纸张，显示出斜边框架外观的视觉效果。

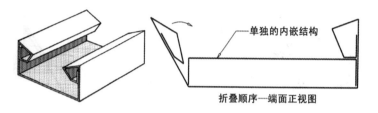

图 2-120　预黏合的不等高不规则形中空壁板结构

5. 探索与提问

在讨论中空壁板的变化形式中，为了方便理解结构与变化形式，示意图都是截面形式，只展示了纸盒某个方向的一半结构。

➡ 设计探讨：以图 2-120 的结构为例，绘制出纸盒的完整展开图。

➡ 提示：另外一个方向的两侧壁板结构如何与这一侧的结合？

➡ 尝试设计：图 2-118 中涉及的"容积可变"的纸盒结构设计思想如何实现？请尝试进行结构设计。

三、非管型盘型的特殊结构纸包装结构设计

1. 不是纸盒的纸板结构

很多纸结构看上去不是纸盒，但是又具有包装的作用。其中以类似于信封的结构较常见。

（1）无深度的文件夹。

图 2-121 显示了一种互锁的无深度的文件夹结构，是一个典型的人工装入并锁合封闭的纸结构。该结构类似于盘型的包裹结构，按照图中所示的四片面板向内包裹，并在外侧相互锁合成型，可以作为简易的文件夹使用。

如图 2-122 所示，如果把文件夹四周增加一些深度，就成为文件盒，这个结构就属于盘型纸盒的范畴了。

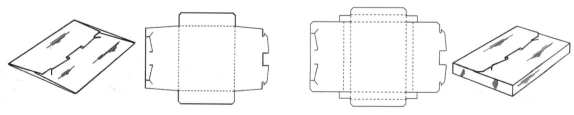

图 2-121　互锁的无深度文件夹　　　　　　　　图 2-122　互锁的盘型文件盒

（2）信封结构。

粘贴封口的信封结构目前见到的基本上有西式信封和中式信封两种。

①西式信封结构。

西式信封基本上是这种盘型结构的包裹式信封（图 2-123）。使用比较轻薄的纸张可以作为一般信件使用的

信封；使用定量较大的纸板制造的大信封则可用于快递业务。

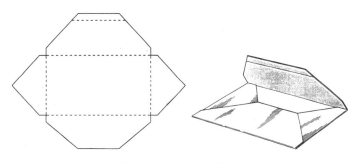

图 2-123　西式信封结构

②中式信封结构。

中式信封结构既可以理解为管型结构，也可以理解为盘型结构（图 2-124），除了用于普通的信件和快递业，它通常与针织品行业的包装联系在一起，面板上可以模切出窗口覆膜以展示商品，常用于包装手帕、围巾等轻型纺织品。

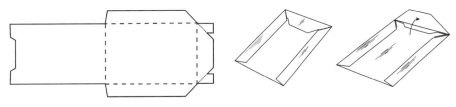

图 2-124　中式信封结构

（3）自锁套筒。

图 2-125 中的这个结构不是一个完整的包装容器，而是一个单体的自锁套筒结构。这种结构的纸包装主要是为商店货架上的产品提供必要的广告空间，常用作一些广口瓶或者敞口容器的商品包装，如铁锅、脸盆等。

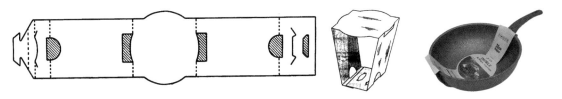

图 2-125　单体自锁套筒结构

（4）画架式信息牌。

画架式信息牌是柜台、柜面用的，将纸板经过简单折叠和插卡，形成一种类似于相框或者画架的结构，用于宣传和展示一些商品信息（图 2-126）。这些结构通过简单的纸板结构相互插卡，克服了平面纸板的单薄性，成型过程也很简单。

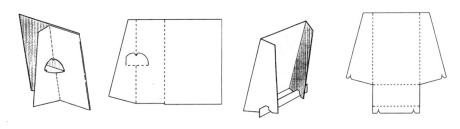

图 2-126　画架式信息牌结构

（5）拼插组装的盒式结构。

这种结构最初作为纸盒内部的分隔内衬使用，其组装原理与儿童拼插类玩具类似。借用儿童玩具的趣味性特征，一些儿童产品包装会使用该结构作为外层销售包装结构，如图2-127所示。

图2-127　拼插组装的盒式结构

2. 适用于西式快餐的快餐类纸盒

适用于西式快餐的快餐类纸盒如下。

（1）铲型包装盒。

铲型的可嵌套包装盒广泛应用于西式快餐行业，以薯条包装较常见。这种结构可以层叠嵌套，使用非常方便。主要的结构成型方式有两种，如图2-128所示，目前市场上常用的是左边的那种。

图2-128　铲型薯条包装结构

（2）蚌壳状包装盒。

蚌壳状包装盒主要用于西餐中汉堡的包装。该结构是食品专用盒，由专用的机器制造成型，成型后也可以层叠嵌套，方便盛装商品，如图2-129所示。它的形状可以是正方形，也可以是长方形。

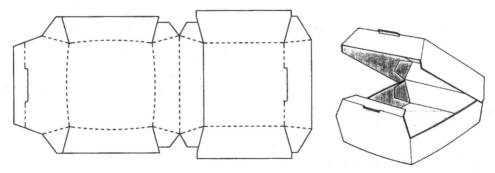

图2-129　蚌壳状汉堡包装结构

这种结构实际上是由两个单壁盘型纸盒结合而成的，因该结构用于盛放新鲜食品，留有散热切缝，需要注意观察。

3. 辅助商品包装的底托型结构

这一类纸结构具有典型的纸盒结构，但不是作为纸盒容器来使用的，仅仅作为某些商品的陈列性底托。

如图 2-130 所示，它们都是成型后从外壁挤入进行商品装载的纸盒结构。

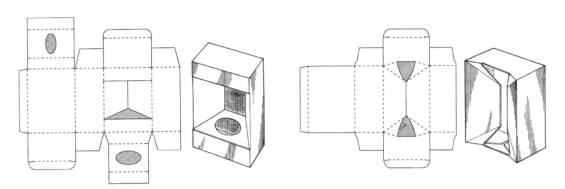

图 2-130 辅助商品包装的底托型结构

底托型结构的共同特征是在常规纸盒结构的基础上直接进行粘贴封闭成型，纸盒某一个面板处有预模切的开启线。纸盒立体成型以后，从纸盒外壁处沿模切开口线将产品挤入纸盒内。由这些预模切结构在商品背后对其进行卡合固定，放置瓶型产品的底托型结构还有定位孔。

产品从纸盒的外壁处直接挤入装载后，产品实际上仍是裸露的，后期需要通过热收缩膜等裹包工艺将包装盒和产品一起裹包。这时，包装盒的作用是作为底托定位和固定商品。

4. 需要专门设备成型的专用饮料盒

液体饮料包装都要用到专用饮料盒。

（1）通用利乐砖结构。

如图 2-131 所示，这个砖型结构纸盒是常见的牛奶包装形式，有些液体饮料也会使用这种包装形式。这类纸盒通常使用五层或七层的利乐复合材料。各厂商在纸盒的黏合、封闭和固定（三角形结构密封）方式上都不同，而且需要专门的设备。

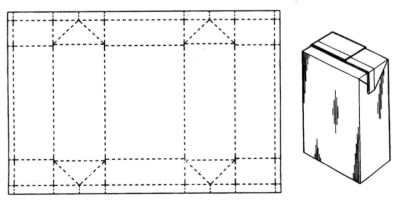

图 2-131 通用利乐砖结构

通用利乐砖结构成型时通常在纸盒上方将三角形的面板在外部进行成型粘贴，而在纸盒的底部将三角形的面板向内部粘贴，如图 2-132 所示。

（2）人字形屋顶结构。

另一种饮料盒结构是人字形屋顶结构，也是一种封闭型的密封包装，它们的基本结构相同，如图 2-133 所示。

图 2-132　利乐砖结构成型示例

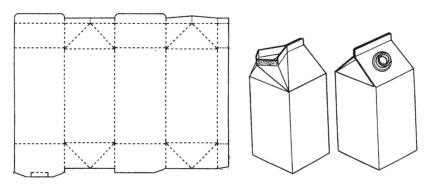

图 2-133　人字形屋顶结构

　　如图 2-134 所示，右边的结构是将饮料液体直接罐装在饮料盒内，使用时直接将开口拉出撕开；左边的结构是在前一种结构的基础上进行了一些改动，将塑料螺帽组件嵌入"屋顶"斜面上，进行铝塑膜封口后再加装塑料瓶盖。

　　还有一些纸盒使用普通的白纸板成型，由于这种纸盒不具备密封性，包装时直接将已成型的带螺帽的塑料容器装在纸盒内部，液体饮料灌装在塑料容器当中，将瓶口封闭后露出纸盒"屋顶"外，使用时，将纸盒外面的螺纹瓶口拧开即可。

图 2-134　人字形屋顶结构的不同应用

第三节　折叠纸盒的异型结构设计

一、管型折叠纸盒的异型结构设计

（一）横截面形状变化

常规的管型折叠纸盒的横截面是矩形的。如果要打破常规结构进行设计，简单的方法就是改变横截面的形状。由于纸板自身性质的限制，横截面形状几乎可以选择除圆形（或椭圆、圆弧曲线等）以外的所有平面几何图形。当然常用的仍然是各种多边形，如三角形、菱形等。

管型折叠纸盒的异型结构设计的第一种设计思路与方法就是横截面形状变化。

这个设计方法仅将原来的矩形横截面变成各种多边形，同时保持管型纸盒盒体垂直的柱状结构不变，此时，需要配合多边形横截面边数相应增加或减少纵向的体板数量。

1. 三角形的管型折叠纸盒

正三角形截面柱状纸盒要实现其平板状折叠有两种选择。一种是在盒体的某一个面板上增加一个伪工作线，另一种是通过体板平面的分割隐藏伪工作线。其他的设计变化，如图 2-135 所示。

这个结构包含了第四块面板，粘贴翼与第一块面板的中心位置黏合，纸盒成型后，多出来的第四块面板被隐藏在第一块面板内。虽然成型后这种结构不会因为伪工作线的存在而影响外观，但结合边缘处不可避免地存在缝隙（图中红圈处），并且这样的设计必须要以多使用纸板材料为代价。在实际设计当中需要权衡考虑，根据产品与设计要求合理选择设计方法。

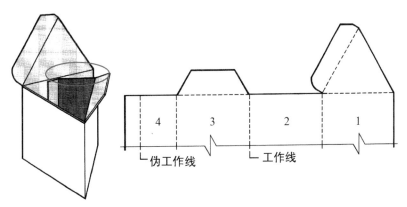

图 2-135　隐藏面板的三角形纸盒结构

2. 四边形的管型折叠纸盒

四边形除了矩形，还有平行四边形、菱形和不规则四边形。

（1）菱形横截面的管型折叠纸盒。

图 2-136 所示的菱形横截面管型折叠纸盒的结构是在矩形横截面的常规结构基础上做了些许改动，确定了盒盖的形状后，盒体成型会因盒盖的不同导致整个盒子的造型产生变形。注意：展开结构中防尘翼形状的设计，需要根据盒盖的形状和位置进行让位变形。

（2）不规则四边形截面管型折叠纸盒。

不规则四边形截面管型折叠纸盒通常不需要伪工作线，只要在设计时保证一组主体面板的长度之和等于另一组的长度之和即可。如图 2-137 所示，只要在尺寸计算中，体板 1 和 4 的长度之和等于体板 2 和 3 的长度即可。

注意：虽然任意四边形可以不设计伪工作线，但因其成型后形状不规则，会给后期的纸箱设计带来一些问题，如纸盒装箱的适应性、内衬结构的规范性等。所以，过于随意的形状在设计中要尽可能避免。

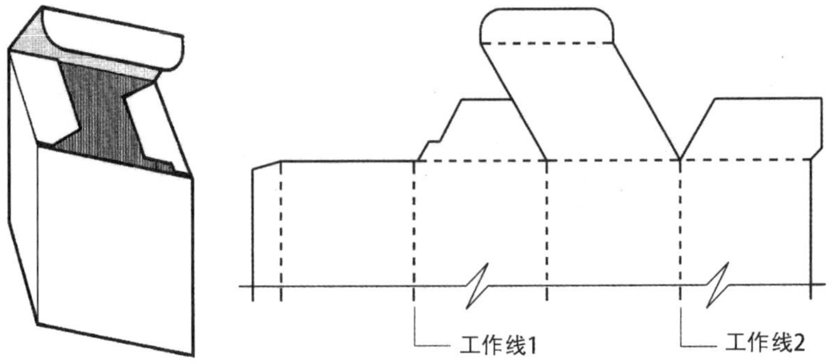

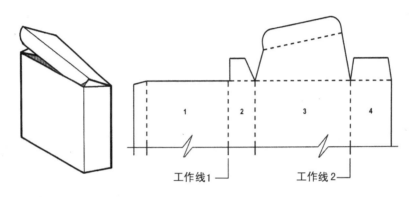

图 2-136　菱形横截面管型折叠纸盒结构

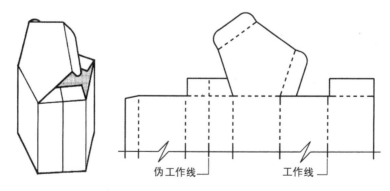

图 2-137　不规则四边形截面管型折叠纸盒结构

3. 奇数边的异型管型折叠纸盒

常见的奇数边的异型管型折叠纸盒截面有三角形、五边形、七边形，也包括正奇数多边形和任意奇数多边形。

传统的正三角形、正五边形、正七边形等截面的柱状纸盒都需要一条伪工作线（图 2-138），其他奇数边的正多边形异型管型折叠纸盒也是这样。

图 2-138　正五边形截面的异型管型结构

所以，大多数情况下，设计奇数边多边形截面的纸盒尽量不使用正多边形以避免伪工作线的使用，但任意的、不对称的多边形设计也不合适。只要平板状折叠后上层面板的长度之和等于下层面板的长度之和就可以，这种多边形设计的最佳选择是对称的非正多边形形状，如图 2-139 所示，盒盖形状决定盒体形状，盒盖是一个对称的非正五边形，体板 3 和 4 的长度相等，体板 2 和 5 的长度相等，设计时只要满足体板 1、2、5 的长度之和与体板 3、4 的长度之和相等即可。对称的非正七边形也是这样处理的，如图 2-140 所示。

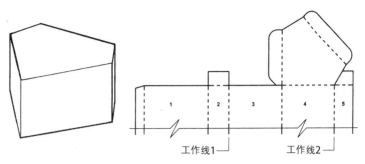

图 2-139 对称的非正五边形截面的异型管型结构

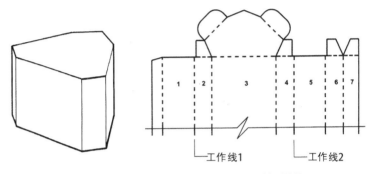

图 2-140 对称的非正七边形截面的异型管型结构

4. 偶数边的异型管型折叠纸盒

偶数边的多边形异型管型折叠纸盒常见的有六边形和八边形截面。设计时包括正多边形、扁平、削角等造型。这类纸盒通常不需要伪工作线，如图 2-141 所示。

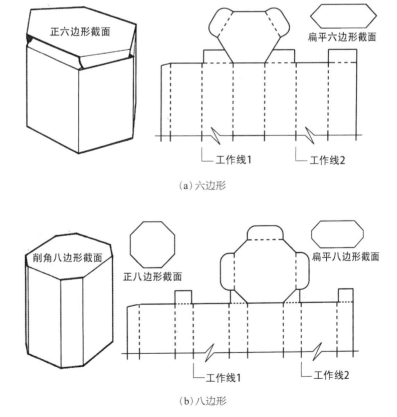

（a）六边形

（b）八边形

图 2-141 六边形与八边形截面的异型管型结构

5. 局部结构的设计与匹配性

在多边形管型折叠纸盒结构中，粘贴翼的设计一般不需要变化，主要的设计在于封口结构。如果使用直插封口的设计，要注意与盒盖形状相配合的插舌翼和防尘翼设计。

请注意，所有盒盖上连接的插舌翼及与之相配合的防尘翼应该间隔设计，既不能在盒盖上设计连续的插舌翼，如图 2-142（a）所示，也不能连续设计一排防尘翼，如图 2-142（b）所示，粘贴密封结构除外。

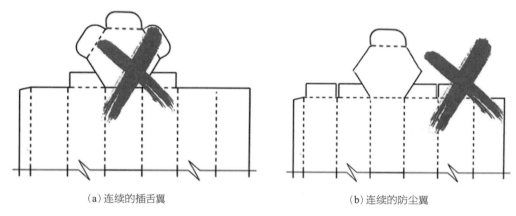

（a）连续的插舌翼 　　　　　　　　　　　（b）连续的防尘翼

图 2-142　多边形管型柱状结构直插封口的错误设计

增加或减少管型折叠纸盒主要体板的数量，使其成为多边形柱状结构，这是异型管型折叠纸盒结构设计最简单的设计方法，可以根据产品包装的需要合理选择。

（二）盒体造型变化

管型折叠纸盒异型结构设计的第二种方法是变化盒体形状。这种设计方法有三种变化形式：盒体棱线的线型变化、盒体棱线的线面变化、盒体侧壁面板的变化。

1. 盒体棱线的线型变化

盒体棱线的线型变化即将常规结构中盒体棱线的垂直线形态变为斜线、单边曲线、S 形曲线、折线。

相邻两侧面相交的棱线，在垂直线的基础上改变棱线的垂直角度或者线型，变垂直线为斜线或变直线为曲线、折线，代替原来的棱线。曲线可以是简单弧线，也可以是复杂的 S 形曲线，如图 2-143 所示。

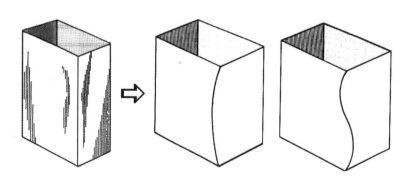

图 2-143　盒体棱线线型变化

（1）垂直棱线变斜线的梯形棱台。

在原来垂直棱线的基础上，直线线型不变，垂直角度变化，使纸盒变成一个梯形棱台，角度变化时需注意平板状折叠的要求，如图 2-144 所示。

不过，梯形的纸盒结构在实际应用中一般采用上宽下窄的倒立形态。这种形态方便装入和取出物品，且在视觉上有增大容量的作用，如图 2-145 所示。

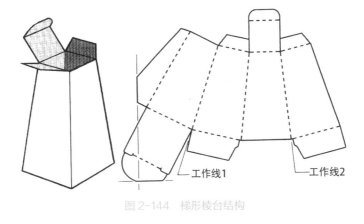

图 2-144　梯形棱台结构

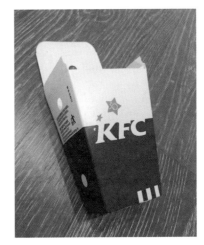

图 2-145　倒梯形包装盒

（2）棱线由直线变曲线。

如图 2-146 所示，四条棱线完全脱离了直线形态，这两个图形分别展示了单曲线和 S 形曲线的结构设计。从结构展开图中可以看出，这种曲线变化是直接在原来垂直棱线上进行修改的。因为管型纸盒平板状折叠的需要，图中出现了伪工作线，这对纸盒外观有较大影响。棱线变为曲线后，纸盒原来平面体板也跟着变成了曲面，设计时，要保证纸盒成型的齐整度，应注意曲线绘制的对称性。

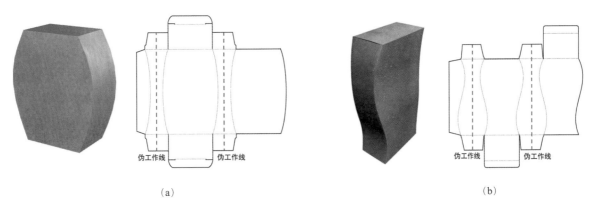

（a）　　　　　　　　　　　　　　　　　　　　　　（b）

图 2-146　棱线由直线变曲线的异型结构设计

当然，在设计中，并非一定使曲线对称分布，仅改变四条棱线中的一条也是可以的。如图 2-147 所示的纸盒结构，只将一条棱线变成了复杂的双 S 曲线，其他三条棱线不变，既实现了盒体形态的变化，又避免了伪工作线的增加，不失为一种折中思路。

另外，应当注意到，在这些因曲线形成曲面的纸盒中，盒体形状的变化影响了盒盖的封闭，尤其是使用直插封口结构时有时会出现较大的缝隙（图2-148）。这时封口结构也应当采取相应的变通措施，例如增加反锁结构，也可以使用其他封口形式。

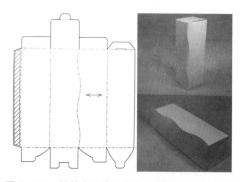
图2-147　棱线由直线变曲线的异型结构设计变化

图2-148　封口变形情况

（3）棱线由直线变折线。

除了曲线，棱线也可以使用折线。如图2-149所示，由于棱线由原来的直线变成了S形折线，弯折改变方向的过程中出现的拐点会引起纸盒体板的弯曲变化。这种弯曲不是曲面弯曲，所以面板上会被动出现折叠线，使展开图看上去变得复杂了。

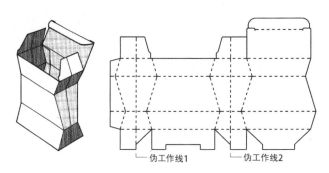

伪工作线1　　伪工作线2

图2-149　棱线由直线变折线的异型结构设计

注意伪工作线的设计与使用，封口处变形问题也可以借鉴棱线由直线变曲线中的解决办法。

➡ 问题1：棱线进行曲线或折线变化后，除了相邻的体板形状变化外，对纸盒结构影响最大的是什么？

➡ 问题2：我们可采取什么方法弥补？

➡ 问题3：伪工作线对纸盒外观的影响在这些设计中不可避免，可采用何种措施进行弥补？

2. 盒体棱线的线面变化

盒体棱线的线面变化就是将一条直线形态的棱线变为两条曲线或两组折线，从而将一条棱线变为一个曲面或折面的设计形式，如图2-150所示。

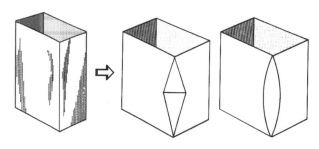
图2-150　盒体棱线的线面变化

（1）由线到面进行变化的设计。

对于包装盒体来说，由线到面进行变化的方法其实是一种减法设计。如图 2-151 所示，这几个造型体都是通过切削棱线处产生各种形状，从而使整体产生了增加面的形态。对于方形纸盒而言，同样可以用这样的思路进行初始的造型设计，如图 2-152 所示。

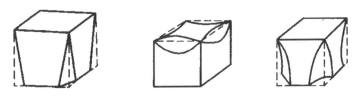

图 2-151 盒体由线到面进行变化的造型设计

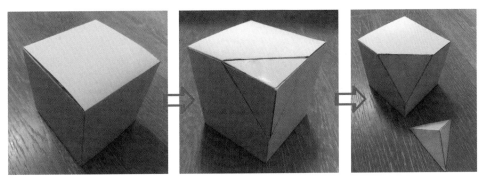

图 2-152 通过切削盒体改变盒体形态

（2）由造型向结构转变的过程。

造型不等于结构。切割一个角使整体增加一个面是一种造型手段，但这种造型仅仅提供了一个思路。对于折叠纸盒而言，要实现某种造型的结构，需要得到相应的平面展开图。这时，要将纸结构由立体展开成平面，在造型的基础上模拟的立体结构在展开后，由于线的分离、角度的变化等，整体变得零散，展开结构变得复杂且不易成型。直接切角后的纸盒展开结构如图 2-153 所示。

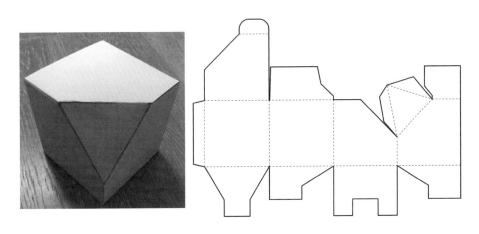

图 2-153 直接切角后的纸盒展开结构

对展开形态进行设计加工，才能完成纸盒结构由平面到立体的变形与成型。进行结构加工设计时，应使之前零散的组成部分重新变成一个整体，需要尽可能在一张纸板上平铺。原来造型设想中的一些形状会发生变化。这时，这个纸盒的展开结构如图 2-154 所示。

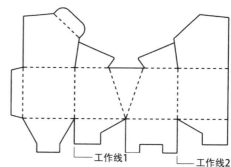

图 2-154　改进后的切角纸盒展开结构

➡ 结构规范化前后对比

　　直接切角后纸盒除了多一个面外，其他部分没有任何变化，却给展开结构的设计与成型过程带来困难。调整展开结构的形状与角度，使其方便成型，且成型后的造型与最初的设想相差不大。

➡ 问题：对展开结构修改后成型的纸盒有哪些明显的变化？

　　在成型后，纸盒的三个面都有不同程度的形状变化：其中被切割的三角面两边的面向外鼓出变形，顶面切角两侧的线也随之向外移动，使这两个夹角不再是90°。

　　（3）由线到面的设计范例分析。

　　①四棱线切削造型。

　　在一个常规的正方体体块上通过切削可以得到形体如宝石一样的多面体造型（图 2-155）。

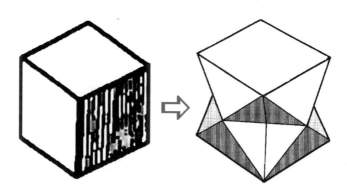

图 2-155　正方体切削得到多面体造型

　　如果这是一个实心的实体，会显得较美观，但是使用纸盒表现这样的造型结构（图 2-156）有缺陷吗？

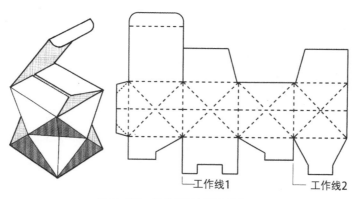

图 2-156　棱线切削多面体结构 1

　　显然这样的结构在垂直方向上的承压强度会明显降低，我们不能为了追求造型美观而减弱包装功能。

为了避免过度变形造成强度削弱，同时又不放弃棱边增加折面的造型，设计时可以减少侧壁变形程度，如图 2-157 所示。

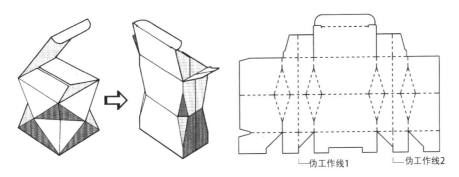

图 2-157　棱线切削多面体结构 2

这个棱线切削造型的设计是在四个棱线上进行折线造型，增加三角形折面的"收腰"，使纸盒外观具有优美造型。图 2-158 中的服装裁剪图的腰省结构与图 2-157 中的侧壁内凹结构极为相似。

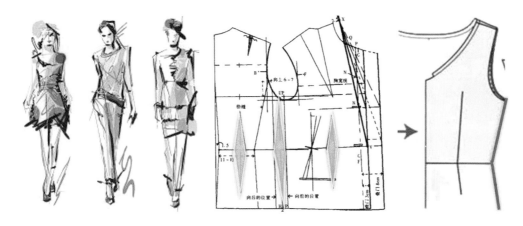

图 2-158　服装裁剪图中的腰省结构

②四角切削造型。

通过切削棱角增加面板的设计思路是将正方体的四个棱角沿上表面棱线中心到底边顶点切除，使原来的四个正方形侧面变成 4 个三角形面，并且通过切削增加了 4 个三角形侧面。原始造型中上表面因切削面积变小，设计时将该面的面积扩大到原来的大小，但形状不变，如图 2-159 所示。

按照展开结构进行纸盒成型。该结构成型时，顶部交线的交点与其对应的底部交线的交点不在同一垂直线上，而是扭转了 45°。盒体由原来的 4 个面板分割成了 8 个三角形面板。

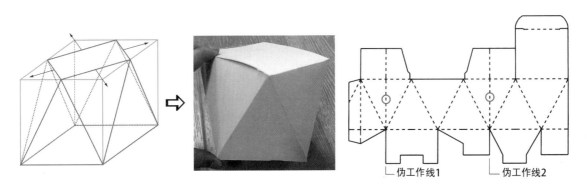

图 2-159　四角切削造型多面体结构

提示：因为部分结构进行了扭转，所以在 1-2-3 锁底结构中，其中的一个副翼被分割成了两个部分，通过粘贴翼粘贴后才可以完整体现。

3.盒体侧壁面板的变化

盒体侧壁面板的变化主要是侧壁挤压与定向扭转造型变化。

（1）侧壁挤压的造型变化。

盒体侧壁挤压变形，就是通过将管型折叠纸盒相对体板向内或向外进行挤压变形，使顶部截面形状由原来的矩形压缩为线状，可形成袋状结构（图2-160）。

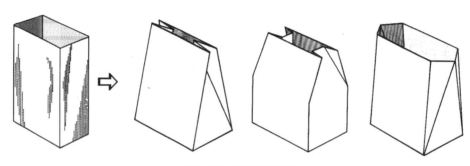

图 2-160　侧壁挤压造型

①纸盒变纸袋的设计。

从图2-161所示的两个展开结构和成型结构，可以看出纸盒与纸袋之间的结构联系。这两个纸袋使用了典型的自锁底结构，成型后外观仍然是截面为矩形的常规柱状纸盒。

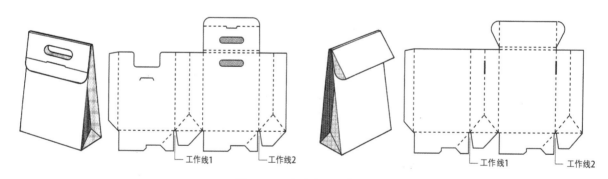

图 2-161　纸盒变纸袋的设计

图2-161（a）用侧壁挤压的方法将两侧板向内挤压，纸盒的顶部开口处由原来的矩形变成了一条线，再把由盒盖演变为提手的结构折下来，纸盒就变成纸袋了。图2-161（b）的结构是对盒盖进行了修改，提示我们结构设计的多样性。

当然，侧壁挤压操作也可以是局部的。如图2-162（a）所示的纸盒结构，仅仅在上半部分向内挤压，形成了一个人字形屋顶形状的封闭形式的纸盒。而且根据容量的变化，挤压程度也可以灵活调整，如图2-162（b）所示，上边缘没有完全挤成线状，还留有一定的宽度。

②密封封口纸盒的侧壁挤压造型。

图2-163中的纸盒结构似乎与常见的管型纸盒有比较大的差别。

管型折叠纸盒的基础结构中有完全交叠密封封闭结构，在这

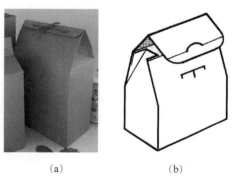

（a）　　　　　（b）

图 2-162　局部的侧壁挤压变形结构

个结构中，如果把侧板向内挤压，盒口处会产生什么变化？盒口处的形状与面积都产生变化的情况下，盒盖的形状自然要随之相应改变。

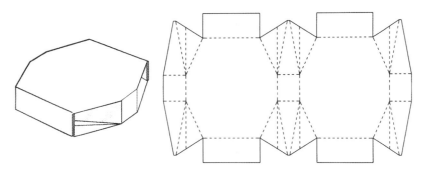

图 2-163 完全交叠密封封闭结构的侧壁挤压变形 1

图 2-164 显示了这个纸盒的成型过程，理解了成型与变形过程，再来看这个结构的展开图，就能够弄清楚异型结构与常规结构之间的关系了。

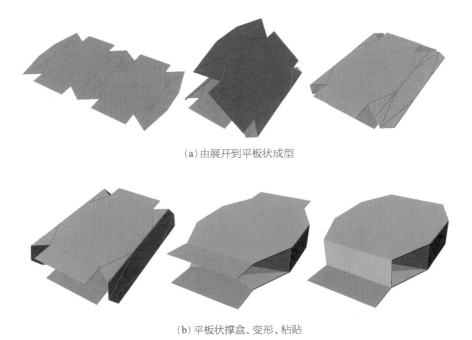

（a）由展开到平板状成型

（b）平板状撑盒、变形、粘贴

图 2-164 完全交叠密封封闭结构的侧壁挤压变形结构 1 成型过程

图 2-165 中所示的弓形曲面的纸盒设计也用到相同的思路，完全交叠封闭的纸盒侧壁向内呈弧线挤压，封闭后变成了橄榄状造型。成型过程如图 2-166 所示。

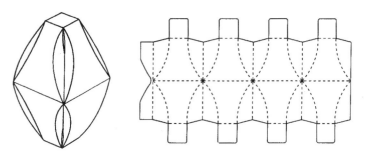

图 2-165 完全交叠密封封闭结构的侧壁挤压变形 2

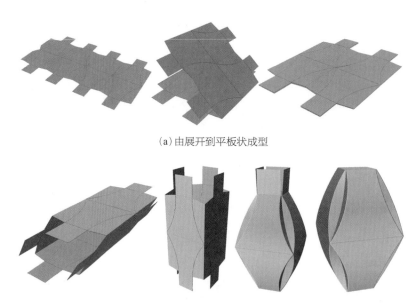

（a）由展开到平板状成型

（b）平板状撑盒、变形、粘贴

图 2-166　完全交叠密封封闭结构的侧壁挤压变形结构 2 成型过程

➡ 问题 1：图 2-166 封闭端使用密封封口，而侧壁挤压处却缺少防尘结构，如何设计才能使其真正密封？

➡ 问题 2：图 2-166 密封封口后怎样方便开启？是否可以更改为其他封闭结构？

（2）侧壁定向扭转造型变化。

管型纸盒侧壁变形的另一种方式是定向扭转，典型的例子如图 2-167 所示。

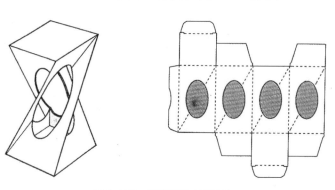

图 2-167　侧壁扭转变形结构

先不去看侧面板上的四条斜线与椭圆形开窗，这个纸盒成型后是一个非常普通的标准反向直插封口式管型纸盒，如图 2-168（a）所示，成型后沿着这四条对角斜线对纸盒进行同方向扭转，纸盒就呈现了另一种意想不到的面貌，与原来的形态差别非常大，如图 2-168（b）所示。

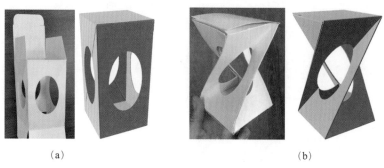

（a）　　　　　　　　　　　　　　　　（b）

图 2-168　侧壁扭转变形结构的成型

这种设计进行拓展后，会出现非常丰富的变化形式，如图 2-169 中的三角形、四边形、五边形、六边形、七边形柱状纸盒。

图 2-169 侧壁扭转变形结构的拓展设计

从这些设计可以看到，非常规结构造型的折叠纸盒设计形式几乎没有限制范围，管型折叠纸盒设计的变化方式也很多样。

在实际设计工作中，不要拘泥于单一的设计思想，应当把这几种方法结合起来思考，才能设计出千变万化的造型结构。

（三）封闭端造型变化

管型折叠纸盒异型结构设计的第三种设计思路是封闭端的变化。这种变化是在封闭端的结构设计中，既能使纸盒具有常规封合结构的可靠性，又能使纸盒具有独特的外观形态。在这种思路下，一方面应遵循常规结构进行设计拓展，另一方面应研究新的封闭方式。

1. 常规封闭结构的变化设计

常规封闭结构的变化设计主要改变盒盖所在面周围的棱线，可以进行线型变化，也可以进行线面变化。下面以封闭端倾斜造型为例，梳理设计思路。

图 2-170 中的两个例子分别是在盒盖与防尘翼成型的折叠线处进行曲线和斜线的线型变化，使盒盖在常规的直插封口结构的基础上形成斜面造型。

这种变形设计方法简单易理解，而且可以扩大到双面对称斜面设计中。

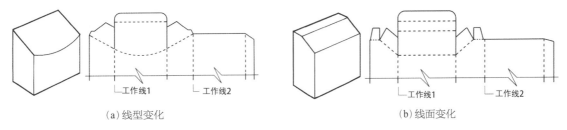

（a）线型变化　　　　　　　　　　　　（b）线面变化

图 2-170 直插封口结构的斜面造型

➡ 启发思考：图 2-171 中所展示的纸盒造型的结构是否是唯一的？应当如何运用合适的设计方法，才能够在造型设计的基础上，进行合理的结构设计？

➡ 问题：影响管型折叠纸盒由造型向结构具体化的重要因素是什么？

有了造型形态之后，要想具体到结构组成，必须首先确认这个造型形体的封闭端的位置。

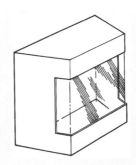

图 2-171 双斜面造型的结构设计

根据图 2-171 中纸盒放置的形态，一般认为盒盖开口在上方。按照这样的思路，可以绘制出图 2-172 中的展开结构图。如果要满足管型折叠纸盒机制成型平板状折叠的要求，该图中就必须增加一条伪工作线。这条线不仅会破坏外观，还会使开窗覆膜工序变得比较困难。这条折叠线距离开窗位置的边缘太近，几乎没有薄膜胶黏的位置。

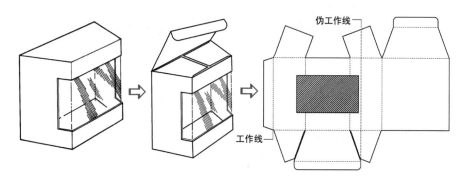

图 2-172　双斜面造型的结构变化 1

➡ 启发思考：是否可以换一种结构设计思路呢？顶部开口设计有缺陷，可否侧面开口？

按照这个思路，重新绘制结构展开图，得到图 2-173。这样的结构展开图，不仅结构整齐、工作线合理，而且能够实现开窗需求，使用简单的常规封口结构即可实现设计目标。

在异型结构设计中，一般首先做造型设计，然后根据造型寻找和设计合理的结构，不可拘泥于单一的结构形式。

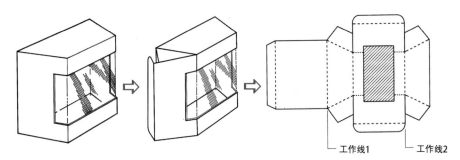

图 2-173　双斜面造型的结构变化 2

2. 按压折叠的枕型封闭结构设计

市场上有一种简化的封闭结构形式是枕型封口结构，非常实用。如图 2-174 所示的两片式枕型结构常见于双面弧形交叠下压封口和双折线交叠成型封口形式，经常用于比较轻的日用品或糖果类包装（图 2-175）。该结构成型操作非常简单，用户开启也很方便。

将这些典型枕型封口结构与管型纸盒其他常规的封口结构相结合，可产生一些造型优美的结构，如图 2-176 所示。

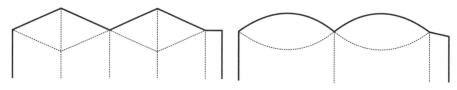

图 2-174　两片式枕型结构

➡ 问题 1：图 2-176 中增加的若干条折叠线是怎样出现的？
➡ 问题 2：该结构与由纸盒变纸袋的侧壁挤压造型变化有哪些相同点和不同点？

3. 花型封口结构

花型封口结构大致有两种设计方法。一种是典型的花型结构，称为连续摇翼插别式花型结构（图 2-177（a））。

这是一种独特的具有空间感的封口结构，这种造型结构通常用于糖果和小装饰品的快捷成型包装。另一种是使用向内挤压的方式成型的挤压式花型结构（图 2-177（b）），其具有花形的装饰性外观，不同于常规的封闭端结构。

图 2-175　枕型结构包装盒

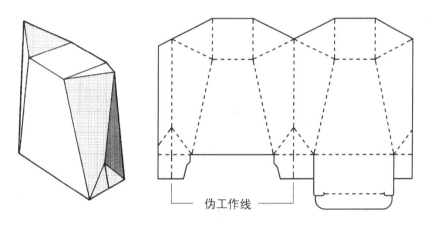

图 2-176　枕型结构设计变化

（a）连续摇翼插别式花型结构

（b）向内挤压式花型结构

图 2-177　花型封口结构

（1）连续摇翼插别式花型结构。

这种结构常见于多边形截面的柱状管型纸盒的封口设计，下面以正五边形柱状管型纸盒为例来学习典型结构的基本设计方法（图 2-178）。

先绘制一个正五边形，然后绘制各个顶点到它对边的中垂线，找到正五边形的中点 O。这五条中垂线同时又是正五边形 5 个角的内角角平分线。选择其中一个内角进行设计，将角平分线 OA 与底边 AE 构成的角度标记为 $\angle a$，它实际上就是正五边形内角的一半。确定了 $\angle a$ 和 OA 以后，从中心点 O 开始向另一个方向绘制需要的花瓣基本图形。绘制一个圆形，将圆弧延长与顶点 E 相交，该弧线与 OA、AE 围成的形状为一个花瓣摇翼。

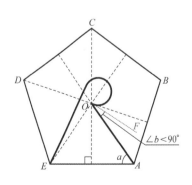

图 2-178　正五边形连续摇翼插别式
花型结构摇翼绘制

这里要注意一个设计细节：中心点 O 应在圆形圆周弧线上，而不是在圆形的内部；通过中心点 O 作一条圆的外切线 OF，这条切线与 OA 之间形成的角度，标记为 $\angle b$，在设计时，要尽可能使 $\angle b$ 成为锐角，这样才可以保证各个花瓣形摇翼成型时相互之间有足够的锁合力。

全部绘制完毕后就可以得到如图 2-179 所示的一个正五边形连续摇翼插别式花型结构的展开图。

纸盒成型时，只需要将各个摇翼依次沿折叠线折叠，在中心啮合点 O 处一片压一片地进行成型，最后一片压折下来后压入第一片的花瓣下方，花型结构就成型了。

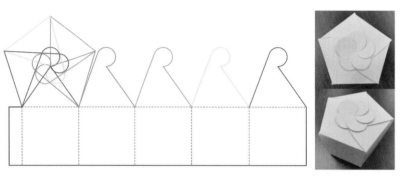

图 2-179　正五边形连续摇翼插别式花型结构展开图

①连续摇翼花型结构设计变化 1。

如图 2-180 所示，啮合点 O 处的夹角接近 90°，所以这个花型结构在插别锁合的时候，封闭部分呈上翘状态，不能形成平面，如果将它下压为平面，很容易散开。

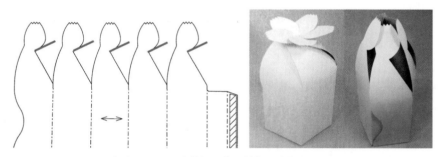

如图 2-180　连续摇翼花型结构设计变化 1

②连续摇翼花型结构设计变化 2。

如图 2-181 所示，盒盖处的花型结构结合了平分角防尘翼的结构，在成型时可以形成类似于糖果扭结式包装效果。盒底也使用了花型结构，需要向内进行插别。

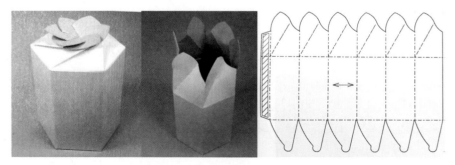

如图 2-181　连续摇翼花型结构设计变化 2

③任意多边形、任意啮合点的连续摇翼花型结构。

非正多边形的各个边长不同，各个内角也不同，当啮合点在任意位置时，花型摇翼的绘制如图 2-182 所示。

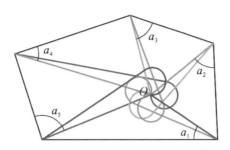

图 2-182　任意多边形任意啮合点的花型摇翼绘制

绘制一个任意多边形，取图形上的任意一点 O 作为啮合点，通过这个点连接多边形的每一个顶点，测量出每一个 $\angle a$ 的值，再参照前面的绘制方法得到每一个边上所需要的花瓣摇翼形状，再将它们依次展开，如图 2-183 所示。

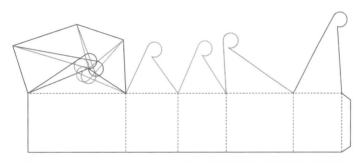

图 2-183　任意多边形任意啮合点的连续摇翼插别式花型结构展开图

对于图 2-184 中的这种长方形截面的花型结构，设计方法要用到任意多边形、任意啮合点的设计方法。使用花型结构的设计时还可以采用管型折叠纸盒异型结构设计的其他方法，如图 2-185 所示。

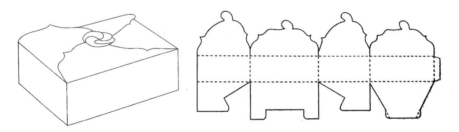

图 2-184　长方形连续摇翼花型结构

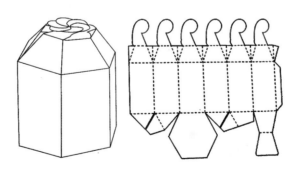

图 2-185　复杂结构的连续摇翼花型结构设计

（2）挤压式花型结构。

除了连续摇翼插别式花型结构，还有一些能够简单成型的、外观形似花朵的封闭端结构，称为挤压式花型结构。

如图 2-186 所示，这个纸盒的盒盖结构是在盒体结构的基础上直接向上延伸，然后运用前面学过的盒体侧壁向内挤压成型方式，形成了一个高耸的金字塔形状的封口结构。消费者在赠送礼品时可以在顶端用漂亮的花边或飘带作装饰，增加美感。

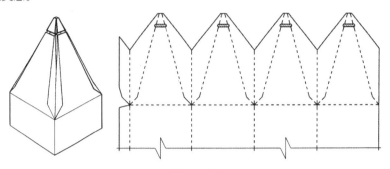

图 2-186　挤压式花型结构设计 1

挤压式花型封口结构是在柱状管型结构的基础上，将盒体结构直接向上延伸，基本原理也是侧壁挤压式成型。它成型之后是一个类似半球形穹顶的花型结构，如图 2-187 所示。

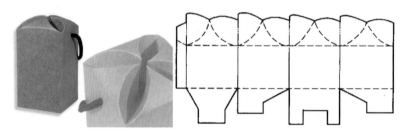

图 2-187　挤压式花型结构设计 2

➡ 设计与联想：纸盒造型与建筑造型

如图 2-188 所示，这两个结构造型模拟了建筑外形。其中金字塔形的尖顶结构封闭后是一个尖耸的装饰性形态，接近哥特式尖顶建筑的造型；半球状花型封口结构不能完全封闭，通常用于具有装饰性的糖果类礼品盒（如喜糖的包装），这种造型类似于罗马式风格的穹顶造型建筑。

图 2-188　纸盒造型与建筑造型

管型折叠纸盒封闭端的花型封口结构的做法，给我们的设计思路打开了另外一扇门，使纸盒的异型结构设计具有了非常浓厚的艺术气息，这使纸盒结构设计在市场上有更广阔的开发空间。

二、盘型折叠纸盒的异型结构设计

与管型折叠纸盒的异型结构设计思路相同，盘型折叠纸盒的异型结构设计可以从两个方面考虑：第一，针对盘型纸盒的横截面进行设计变化；第二，针对盘型纸盒除底板之外的其他体板的形状进行设计变化。盘型纸盒的体板形状在变化时，单壁纸盒和双壁纸盒又有所区别。

1. 横截面形状变化的异型盘型结构设计

盘型折叠纸盒的横截面形状设计变化，相比管型折叠纸盒更容易。它们的基本设计思想都是用多边形来代替原有的矩形横截面，从而形成异型盘型结构。盘型折叠纸盒只要底板的形状改变了，横截面形状自然就会改变，所以在设计的时候，只要确定横截面的形状，把底板绘制成相应形状，然后在底板的四周垂直向上绘制壁板就可以了，最后添加连接各个壁板的角副翼。如图2-189所示的三角形、五边形、六边形、八边形单壁盘型纸盒，都是这样绘制的，当然，这些单壁纸盒也可以设计成双壁的。

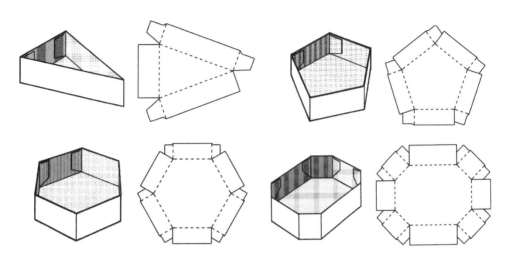

图 2-189　盘型纸盒横截面形状变化

（1）三角形横截面的双壁盘型纸盒。

图2-190中的结构展开图，由于在三个内外壁板之间使用了平分角角副翼，成型时不需要粘贴，直接使用组装成型的方法即可。

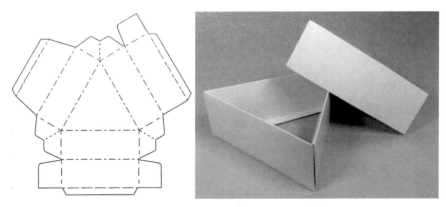

图 2-190　三角形横截面的双壁盘型纸盒结构

（2）正六边形横截面的双壁盘型纸盒。

图2-191使用的是常规的角副翼连接壁板，使用了摩擦锁定的底脚副翼，需要注意角副翼与双层壁板之间相互插合的组装规律。

2. 单壁盘型纸盒体板的形状设计变化

异型结构设计主要针对底板周围的壁板进行，与管型纸盒异型结构设计的思路类似，可以将四个壁板的棱线进行线型或角度变化，或由线变成面，这个面可以是切角的三角形平面，也可以是通过折线形成的折面（图2-192）。一般情况下不变动底板，以保证纸盒的容装性，但是如果盘型纸盒作为盒盖进行设计，底板的形状也可以改变平面状态。

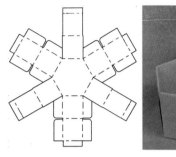

图 2-191 正六边形横截面的双壁盘型纸盒结构

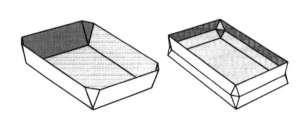

图 2-192 单壁盘型纸盒壁板棱线变化

（1）壁板棱线的垂直角度变化。

倒锥台形的盘型纸盒是在布莱特伍德式单壁盘型纸盒结构的基础上，对粘贴角副翼的角度进行设计变化的，如图 2-193 所示。这种结构利于机器成型，并且可以将成型的纸盒套叠在一起，然后将大批量的预黏合包装件运送到零售店。它可以进行预黏合成型，既不需要折叠角，也不需要以平板状进行储运。它的优势就在于倒梯形的形态可以将所有的纸盒套叠，极大地节省了存储和运输的空间。

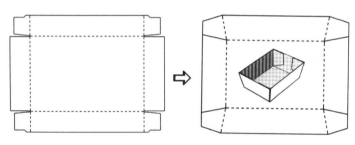

图 2-193 倒锥台形的盘型纸盒

在图 2-193 结构的基础上可以继续设计。如图 2-194 所示，在倒锥台形纸盒的上面继续增加一个双壁的布莱特伍德式纸盒，这种造型可以用于盒底，也可以用于盒盖。

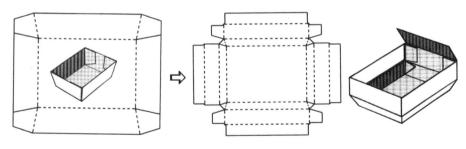

图 2-194 叠加的倒锥台形的盘型纸盒

（2）端板的平面变化。

下凹盒盖的盘型纸盒是在带摇盖的单壁盘型纸盒结构的基础上，针对两侧端板的平面进行变化形成的。如图 2-195 所示，在端板平面上进行交叉折线处理，使原来的平面端板形成了 3 个三角形切割面的外凸状态，此时，原来起防尘翼作用的端板延长翼的形态会发生变化，翼中心会出现折线。随着端板的形状变化，盒盖的形状也跟着变化。

但是，这个结构设计是有缺陷的。盘型纸盒的端板起到非常重要的承压作用。如果端板形状过度变化，纸盒的垂直抗压的强度就会大大降低，在装载产品的时候，纸盒对产品的保护作用就会被极大削弱，甚至不复存在。

（3）盘型袋状纸盒。

如图 2-196 所示，这是个类似于纸袋的盘型结构，它在结构上有底板、侧板和端板。这个纸盒能够适应那些形状不规则的较轻的物品，如袜子、手套、散装糖果等。

这个结构的纸盒在上端收拢后直接通过粘贴封闭，使用时顶端一旦打开，整个结构就会完全散开，适用于一次性产品包装。

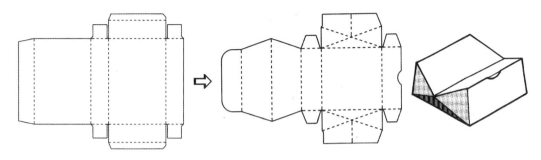

图 2-195　下凹盒盖的盘型纸盒

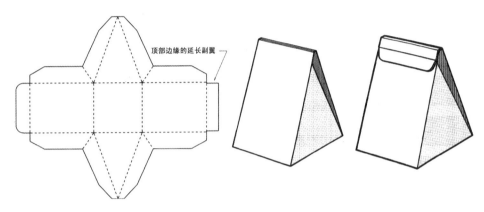

顶部边缘的延长副翼

图 2-196　盘型袋状纸盒

（4）盘型纸盒中的枕型结构。

盘型折叠纸盒的异型结构也有枕型结构。如图 2-197 所示，枕式包装的闭锁形式主要用于零售。在纸盒运输过程中压成平板状，到达销售处由用户进行装配、装盒和锁合。

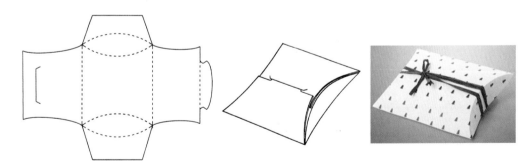

图 2-197　盘型纸盒中的枕型结构

在管型纸盒的按压式枕型结构中，弧线形的内凹结构起封闭作用，而且操作简单、开启简单；而盘型纸盒中的枕型弧线形的内凹结构只起到扩大纸盒内空间的作用，封闭功能是由侧板延长后完成的。严格来说，这种枕型结构是由底板与端板的连接线的线面变化形成的，与管型结构中的按压式完全不同。盘式枕型结构的封闭形式可以是插锁结构，也可以使用另外的装饰密封标签。

3. 双壁盘型纸盒体板的形状设计变化

双壁盘型纸盒根据功能有不同的设计：如果作为盛装产品的底盒，异型结构设计针对壁板进行；如果作为盒盖使用，就可以同时针对底板进行设计。双壁盘型纸盒壁板线型变化如图 2-198 所示。

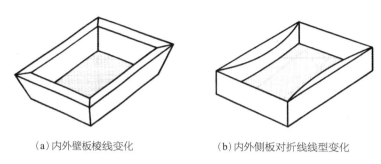

　　　　(a)内外壁板棱线变化　　　　　　　　　　(b)内外侧板对折线线型变化

图 2-198　双壁盘型纸盒壁板线型变化

（1）壁板棱线的垂直角度变化。

　　从图 2-199 中的棱台形双壁盘型纸盒结构中可以注意到，内外两层壁板的形状变化是成镜像关系的，绘制时要注意。

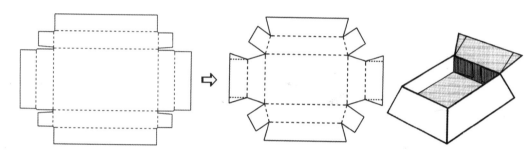

图 2-199　棱台形双壁盘型纸盒结构

（2）底板棱线线型变化。

　　如图 2-200 所示的结构都是在常规的双壁盘型纸盒结构的基础上进行拓展设计的。底板四周的棱线变化了，意味着这个盘型纸盒是作为盒盖使用的，要注意与底盒配合时的尺寸关系。

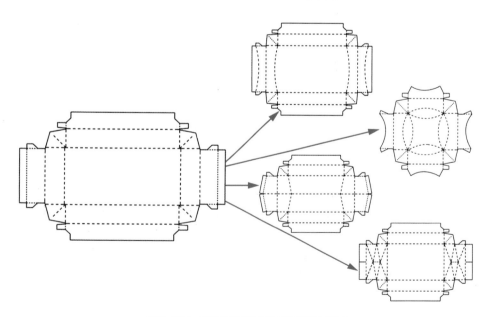

图 2-200　双壁盘型纸盒底板棱线线型变化

①下凹形态的盒盖。

图 2-201 更改了两侧端板与底板之间的折叠线的线型。将折叠线由直线变为弧线，注意内外端板底部两条弧

线的对称关系。纸盒成型后，盒底为下凹的状态，所以这个盒子作为盒盖来使用。如果弧线的弯曲方向反过来，盒盖形态会是上拱的。

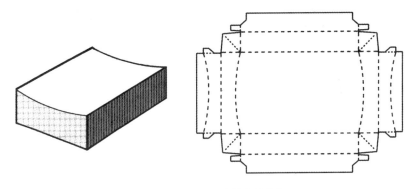

图 2-201　下凹形态的盒盖结构

②多切割面礼品包装盒盒盖。

图 2-202 中的纸盒结构是将四面的壁板与底板之间的全部折叠线由直线变为了双曲线组成的曲面，这样纸盒成型后底板为明显的弧面状态，适合需要产生高耸视觉效果的礼品包装盒的盒盖。

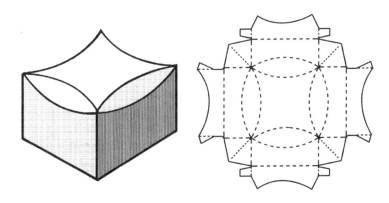

图 2-202　多切割面礼品包装盒盒盖

③套装纸盒。

如图 2-203 所示的套装纸盒，盒盖的结构更改了端板与底板之间的折叠线的线型，由直线改成了折线，使底板在成型后变成了向上拱起的人字形屋顶状。底盒的结构将内外层端板中间的对折线由原来的直线变成了由双折线形成的两个三角形折面，这两条折线使内外层端板都呈现外凸状态，使端板处变成了一种类似于中空壁板的向外凸出的多边形结构。底板平面没有变化。这套纸盒设计时要注意尺寸匹配，由于盒盖端板向内部凹陷，盒底内层端板向盒内部凸出，盒盖是嵌在底盒内部的。

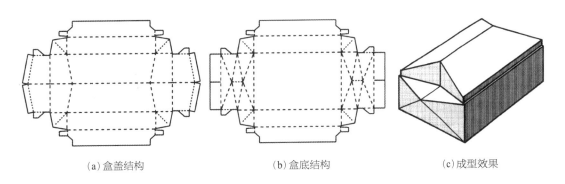

(a)盒盖结构　　　　　　　　(b)盒底结构　　　　　　　　(c)成型效果

图 2-203　双壁盘型套装纸盒结构 1

在图 2-204 的这套纸盒结构中，端板由曲面造型取代平面，具有柔软的外观，它是在常规的双壁盘型折叠纸盒的基础上改变端板部分的一些折叠线的线型来进行设计的。

➡ 设计探讨：请尝试绘制图 2-204 的展开图。

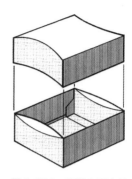

图 2-204　双壁盘型套装
纸盒结构 2

4. 综合设计

图 2-205 所示的这种结构在盘型纸盒的异型结构设计中属于比较复杂的情况，它既包含了单壁纸盒的形态变化，也包括了双壁纸盒的形态变化。从表面上看，该结构完全不同于传统的矩形截面盘型折叠纸盒，但实际上其成型方式与其他的盘型纸盒的一样。成型后，该结构可以搭配一个矩形的管型盒套以方便运输。该结构的基本成型过程如图 2-206 所示。

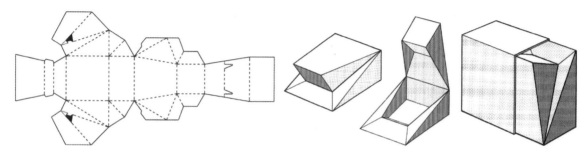

图 2-205　楔形内凹盒底的盘型纸盒异型设计

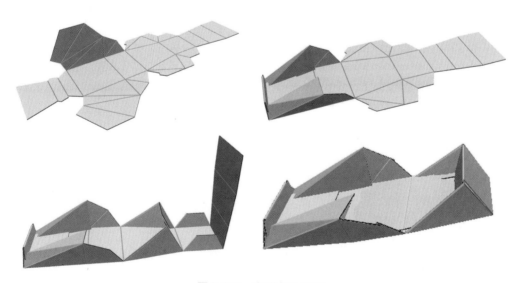

折叠纸盒的
其他异型结
构设计拓展

图 2-206　成型过程示意图

第四节　折叠纸盒的功能性局部结构设计

本节探讨管型折叠纸盒与盘型折叠纸盒的一些功能性结构。折叠纸盒的功能性结构是指为了包装商品、宣传商品或为消费者提供方便而设计的纸盒局部结构。

一、折叠纸盒的内分隔结构设计

1. 管型折叠纸盒的内分隔结构设计

分隔结构，就是在内部使用隔板进行空间分隔，可以按照产品的形状来固定其位置以确保产品不易损坏，或者内置悬垂片、增加支撑板以便进一步进行分隔。大部分管型纸盒通常使用直插封口的摇盖或顶端闭合结构，所以许多内分隔结构可以根据这些结构设计成不同的形式。

在管型折叠纸盒内分隔结构设计中，主要的设计方法有两种：①延长粘贴翼向内折叠进行空间分隔，属于纵向分隔；②延长开口处自由端向内折叠形成平面空间分隔平台，属于横向分隔。

（1）粘贴翼向内延伸设计。

图 2-207 中的这两个内分隔空间隔板的结构设计，是由粘贴翼向纸盒内部延伸折叠产生的。这是一种常规的分隔设计方法，可以使纸盒内部产生纵向前后的分隔空间，设计时注意工作线的平板状折叠要求。

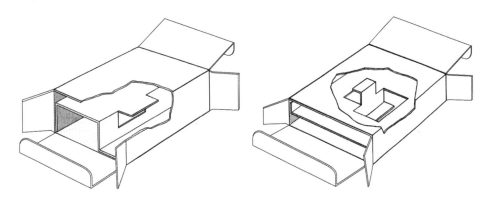

图 2-207　管型纸盒粘贴翼向内延伸设计分隔结构

➡ 问题：请尝试绘制这两个结构的平面展开图

（2）开放端向内延伸设计。

图 2-208 中的分隔平台结构是在开放端进行延伸设计的。纸盒使用摇盖与反锁插舌相结合的形式来保证盒盖的安全闭合。在设计中，将反锁结构所在的自由边向内延伸设计，形成一种盘型缓冲平台结构。这种盘型的缓冲平台只有前、后两个侧板作为支撑，在纸盒的前、后面板内部以摩擦的形式进行固定。这种结构常用于带有附件的产品，纸盒被分成了上下两个空间，产品放在纸盒内，而平台上部的空间可以放置附件或说明书。

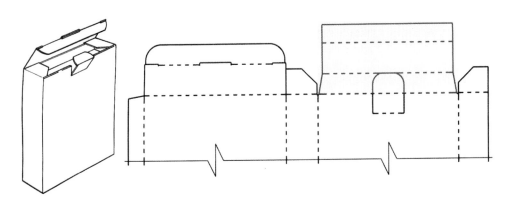

图 2-208　管型纸盒开放端向内延伸设计分隔平台结构

①设计变化 1。

图 2-209 是在图 2-208 的设计基础上，在盘型缓冲平台结构上增加了两个加强翼，相当于盘型结构端板，但是它被称为"假"的或"非功能型"的端板结构，因为它们本身并没有粘贴在盒体板内部，而是靠摩擦力和内装产品进行支撑。

②设计变化 2。

在图 2-208 和图 2-209 的基础上，在缓冲支撑平台的中心开孔。这个孔一般作为定位孔，用来固定瓶状物瓶颈的一端，如图 2-210 所示。这种结构有没有加强翼结构都可以，它仅仅是为了固定瓶状产品的颈部。

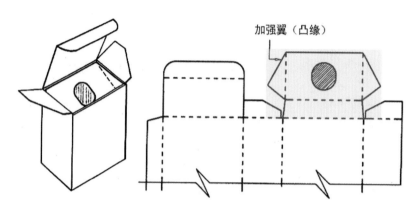

图 2-209　开放端向内延伸设计分隔平台结构变化 1

图 2-210　开放端向内延伸设计分隔平台结构变化 2

（3）开放端与粘贴翼同时向内延长设计。

如图 2-211 所示，将粘贴翼向内延长设计与开放端（封闭端）向内延长设计这两种内分隔结构结合。其中粘贴翼向内延伸设计使纸盒内部分成了前、后两部分空间，而封闭端向内延长形成的支撑平台结构，使纸盒在上下方向又增加了一个分隔空间。在其他辅助性结构中可以看到，因为纸盒的前面板进行了开窗覆膜的处理，所以在中间分隔板上也相应地进行了开孔，使消费者能够方便地透过薄膜和开孔看到纸盒后部分产品的形态。

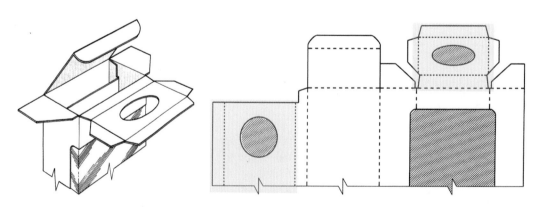

图 2-211　开放端与粘贴翼同时向内延长设计的分隔结构

图 2-212 是目前药品包装中常见的一种较复杂的内分隔结构。其中粘贴翼向内延伸设计使纸盒内部分成了前后两部分空间，同时，延长后的粘贴翼隔板再向另一方向延长设计，与开放端自由边延长部分共同形成可对移成型的隔板（图 2-212（a）），粘贴在纸盒内部后形成 10 瓶口服液的容纳空间（图 2-212（b）），整个结构成型后可以平板状折叠储运（图 2-212（c））。

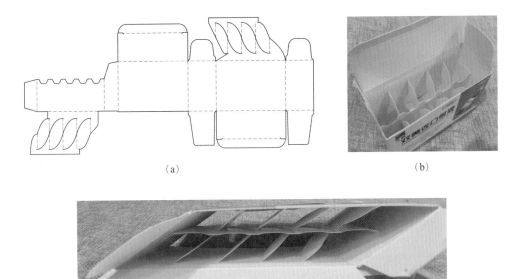

(a)　　　　　　　　　　　　　　　　(b)

(c)

图 2-212　复杂的药品包装内分隔结构

2. 盘型折叠纸盒的内分隔结构

盘型折叠纸盒的空间分隔可大致概括为两种设计方法：①利用中空双壁结构的变化形式将若干纸盒组合进行空间分隔；②利用双壁盘型纸盒的内层侧板的延长设计对内部空间进行划分。

（1）中空双壁结构的变化分隔空间。

图 2-213 中展示了一套三层结构纸盒的设计。盒底和盒盖是不对称高度的对扣式结构的中空壁板的变化形式加上一个盘型变体结构的隔板。该纸盒的隔板结构规定了内装物的排布空间，同时结合了向上的可嵌入盒盖的延长边部分，以方便盒盖与盒底的配合对扣。这种折叠纸盒的结构在保证其合理的制造工艺、组装与装盒方式以及符合销售要求外，还展示了其潜在的美学魅力。

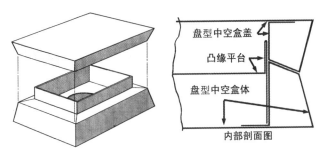

图 2-213　套装三层结构纸盒

图 2-214 中显示了中间"凸缘平台"的展开结构与成型过程，请思考这个结构与常规的盘型纸盒结构有何不同。

图 2-214　"凸缘平台"结构成型过程示意图

➡ 问题：请尝试绘制图 2-213 盒底、盒盖两部分的展开图。

（2）向内延长双壁盘型纸盒的侧板结构分隔空间。

另一种进行内部空间分隔的基本设计方法，是向内延长双壁盘型纸盒的侧板结构，使其在盒体内部形成若干置物空间。设计时既可以仅延伸其中一侧的侧板结构，也可以同时延长双侧壁板。

①同时延长双侧壁板。

如图 2-215 所示为同时向内延长双侧壁板形成空间分隔。这种台阶状的、具有层次感的分隔结构，可以根据产品形状和数量不同进行空间分配。

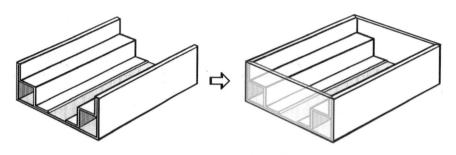

图 2-215　同时向内延长双侧壁板形成空间分隔

②延长一侧壁板。

向内延伸其中一侧的侧板结构较常见。如图 2-216 所示的等宽平台式隔板结构，将其中一侧的内层侧板向对侧延长折叠，并与对侧内层侧板粘贴固定，使纸盒的内部形成上下两部分空间。

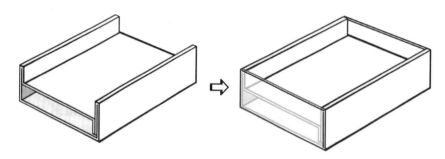

图 2-216　等宽平台式隔板结构

根据内装产品的尺寸、形态，可以通过折叠产生高低宽窄不等的空间，还可以根据产品的形状，在展示台阶上进一步进行分隔，如图 2-217 所示。

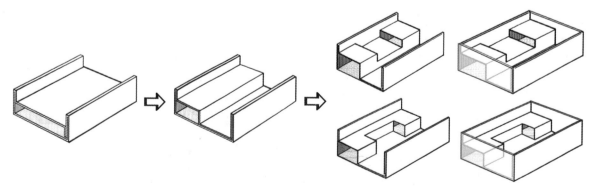

图 2-217　侧壁延长设计隔板结构变化形式

➡ 设计尝试：根据图 2-218 中的这两个分隔平台内衬结构，绘制完整的纸盒展开图。

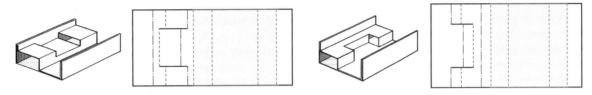

图 2-218 分隔平台内衬结构及展开图

提示：绘制完整的展开图，主要是寻找纸盒的主体结构和被省略的端板结构，位置确定以后，再按照常规的双壁盘型纸盒的结构进行补充绘制即可。

3. 设计与练习

设计尝试：分体式内分隔结构与一体式内分隔结构。

三个配件都分配到独立的容纳空间；独特的间隔设计，节省用纸；简单的折叠，外观整齐。请尝试将图 2-219 中的分体式分隔结构改为内分隔与纸盒一体式结构，并绘制出展开图。

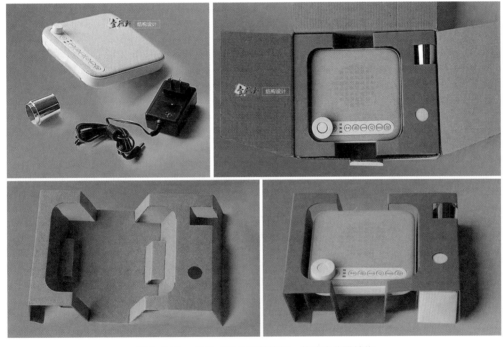

图 2-219 分体式内分隔结构与一体式内分隔结构

二、折叠纸盒的组合结构设计

组合与分隔在结构上是相反的概念。分隔结构是将一个纸盒主体分隔为若干单个内装物的包装空间，而组合结构则是将若干个单个内装物的包装盒组合为一个大的纸盒主体。

组合结构纸盒可以由两件或多件组合，从结构设计的角度讲，组合纸盒需要将两个以上的基本盒在一页纸板上成型，且成型以后仍然可以相互连接，从整体上组成一个大盒。

1. 子母组合式管型折叠纸盒

子母组合式纸盒由两只高度相等或不等的盒子组合而成。图 2-220 中展示了两种造型形态，展开图的绘制方法相同，注意选择纸盒基本结构形式时，盒底与盒盖的同向开启与反向开启的区别。图中所示的母盒是反向结构，子盒是同向结构。设计时还应注意子盒与母盒盒盖的开启方向，同时要保证一纸成型的展开结构能满足平板状折叠的需要。

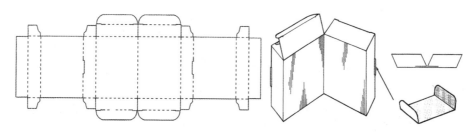

图 2-220　子母组合式纸盒结构

2. 孪生组合式管型折叠纸盒

图 2-221 中所示的书式纸盒，是典型的孪生组合式管型折叠纸盒结构。该设计由两个飞机式同向直插纸盒结构组合而成，可以利用"书"的两边支撑产品。可增加一个独立 U 形板，用于将两个纸盒锁合固定在一起，也可以使用管型套筒结构套合固定。除此之外，这种孪生组合式纸盒结构还可以在结构上产生变化，如图 2-222 所示。

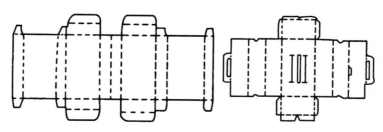

图 2-221　孪生组合式管型折叠纸盒 1

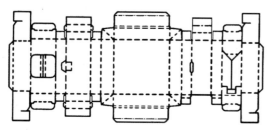

图 2-222　孪生组合式管型折叠纸盒 2

3. 孪生组合式其他结构折叠纸盒

将完全相同的两个纸盒结构进行组合设计，除了管型结构以外，盘型结构或其他异型结构也是可行的，图 2-223 展示了一种双盘型组合纸盒的结构设计范例。

从设计思考的角度看，对异型结构的纸盒进行组合设计需要更强的空间构型能力，图 2-224 中展示了最简单的双三角形纸盒组合的范例，其他多边形纸盒的组合设计同学们可以在课外尝试一下。

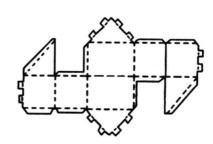

图 2-223　孪生组合式盘型折叠纸盒　　　　图 2-224　孪生组合式异型结构纸盒

4. 其他结构的组合式纸盒

除了将两个相同的纸盒结构进行组合外，组合的数量也可以是四个、六个，甚至更多。组合的原纸盒数量越多，组合后的展开结构就越复杂，在设计时需要考虑的问题就越多。

图 2-225 中是四个纸盒组合的两个例子，基本设计思路是在四个方向上分别成型一个纸盒，再将它们向中间聚拢，最后也需要一个用于封装的附加结构，可以是盒套，也可以是插锁等结构。

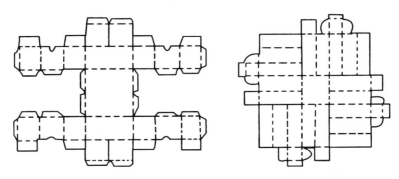

图 2-225　四个纸盒组合结构

图 2-226 展示了六个纸盒组合的例子，采用链状结构，将普通的直插封口管型纸盒一字排开，图中给出了该结构的成型方式示意图，可作为设计参考。

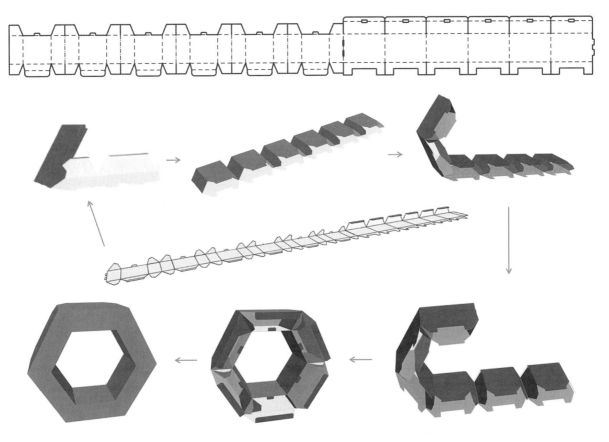

图 2-226　六个纸盒组合的结构

组合结构的设计思路不能局限在若干纸盒的组合中，还可以根据被包装产品的实际情况进行设计，例如图 2-227 所示的双层封面结构的书籍式纸盒，由飞机式同向直插纸盒结构增加了一个文件袋结构变化而来。这种结构可用于需要匹配复杂说明书或有附加板状零件的产品包装，是常规的分隔结构包装的另一种设计方法。

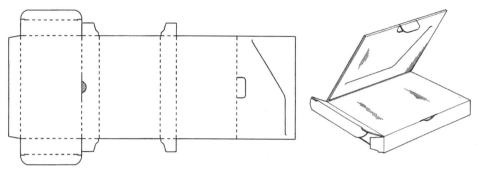

图 2-227　双层封面结构的书籍式纸盒

三、折叠纸盒的集合结构设计

为了方便消费者购买和携带，将不同数量的原包装瓶、罐、盒组合起来，形成一个包装单元进行销售，这就是集合包装。通常情况下，这些集合包装中装载的产品数量以"打"为计量单位，例如一打 12 个、半打 6 个等。

从种类上来说，较为通用的集合包装有四类：裹包类集合包装、提篮式（便携式）集合包装、管型集合包装和盘型集合包装。

1. 裹包类集合包装结构

目前市场中使用较为普遍的结构形式为裹包类集合包装结构。裹包类集合包装折叠纸盒在包装机上成型后，用户依次将各个孔槽直接环绕在一组罐子、瓶子、广口瓶等的周围。

裹包类集合包装折叠纸盒的一般组成如图 2-228 所示，这类纸盒的总体结构特征十分明显，它们实际上并没有完整的包装盒结构。简化结构后，这类结构基本上都是使用一张矩形纸板将被包装瓶罐裹绕一周，然后透过纸板上若干卡合结构对其进行固定。这类纸盒结构的稳固性通过在顶部或底部进行锁合或粘贴的方法来实现。在顶部增加手孔结构便于携带。这一类包装一般用于罐头或广口瓶类的集合包装。

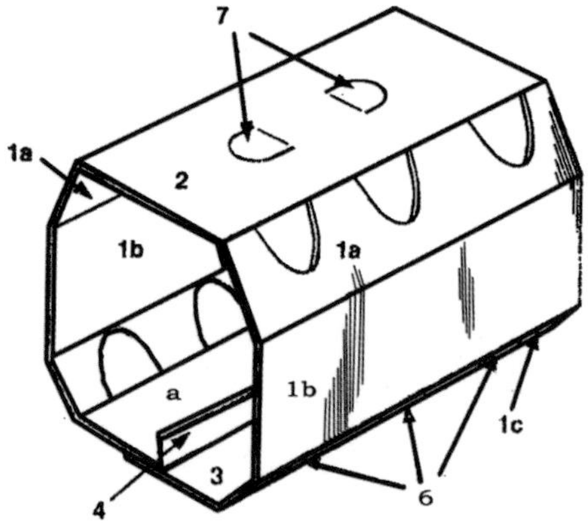

从包装结构的特点上来看，裹包类集合结构设计的变化主要体现在纸板两端的结合方式与接合位置。

（1）底部黏合的裹包结构。

图 2-229（a）中展示的结构是最基本的，它适用于机器成型，适合包装罐底、罐盖结构中有卷边形态的金属罐。图 2-229（b）结构中侧边取消了通用的卡口结构，改为在裹包开放处增加角衬结构以防止内装容器从两端脱出，也是典型的机器成型结构，由于没有卡口结构，它的适用范围较广。图 2-229（c）的结构与图 2-229（b）类似，是将角隅处的结构改为了顶部矩形龛眉式挡板。这种结构也常用在一些矩形产品或罐子的包装中，可以六个一组，也可以九个一组，如图 2-230 所示。

图 2-229（d）、（e）、（f）都是根据被包装瓶罐自身的形态特征，对瓶颈、瓶底、罐盖、罐底等特有的个性化结构进行针对性卡口形状设计。相同的形式不仅可以用于三孔或六孔裹包，也能用在更少或更多的裹包数量中。图 2-229（d）、（e）中纸盒的长度及宽度因其切角形态的特殊性，只能以直立的形式展示。图 2-229（f）中的结构与其他瓶子或广口瓶的外包装有点不一样，它是在较低的底板上开一系列的孔和槽，环绕在瓶或广口瓶的底上，通过挤压使其固定。

图 2-228　裹包运输类折叠纸盒的一般组成

1a—上边侧板；1b—中间侧板；

1c—下边侧板；2—顶板；3—底板；

4—纵向隔板；5—边缘帽孔；6—根部孔；7—指洞

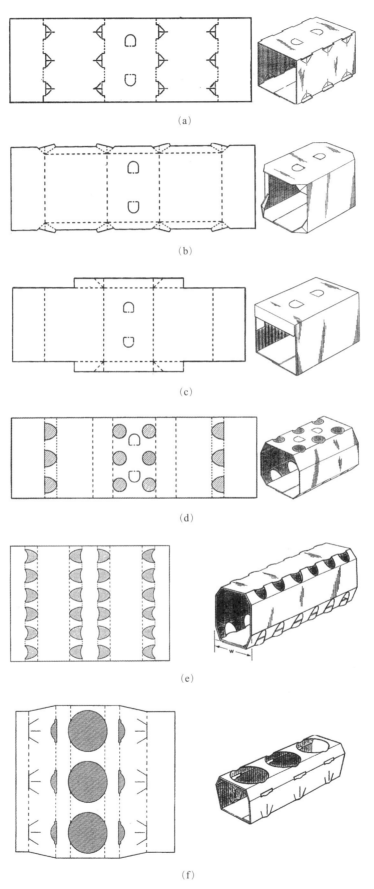

图 2-229 底部黏合的裹包结构

(a)   (b)

图 2-230 底部黏合的裹包结构的市场应用

92

（2）底部锁合的裹包结构。

如图 2-231 所示，底部锁合有许多结构上的变化。图 2-231（a）中所示的是这种锁合结构的一般形式，这种结构适用于用户锁合，锁扣结构被称为蝴蝶锁。图 2-231（b）中所示的也是这类结构的一般形式，许多计算机辅助的设计系统可以提供锁合结构细节的细微设计变化方式，我们前面在学习盘型折叠纸盒时，提及的角副翼锁合结构的各种变化形式也可以用在这里。图 2-231（c）的这种裹包结构主要用于盒装零售商品的集合包装，如三个普通的纸包装盒集合。

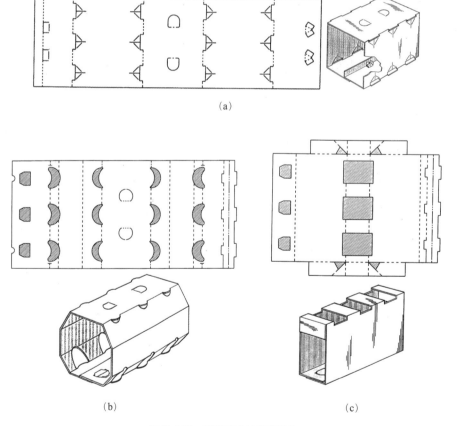

(a)

(b)   (c)

图 2-231 底部锁合的裹包结构

（3）顶部锁合的裹包结构。

顶部锁合的裹包结构是从底部开始向顶部进行裹包的。它主要的优点是顶部通过指洞锁合形成双层保护顶板，如图 2-232 所示。

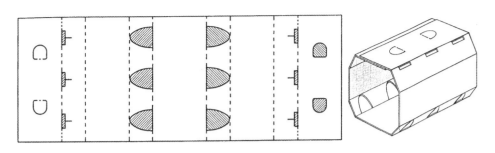

图 2-232　顶部锁合的裹包结构

➡ 设计思考

从底部、顶部锁合与黏合的例子来看，从结构强度上来说，显然在顶部进行锁合或黏合，同时保证底部是完整底板的结构，对于内包装物在裹包结构中的承重与稳定性更好，但是为什么目前市场上主要是应用以底部进行黏合和锁的结构呢？

（4）边缘锁合的裹包结构。

图 2-233 中的边缘锁套管的裹包结构是人造黄油、果冻等碗状内包装容器的成对集合包装的普遍形式，当然它的应用范围并不局限于此。该结构可以进行手工包装，但通常情况下裹包和锁合操作都在高速连续的包装设备上进行。

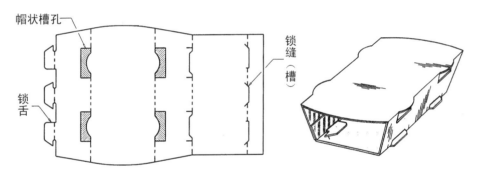

图 2-233　边缘锁合的裹包结构

2. 提篮式（便携式）集合包装结构

提篮式集合包装纸盒是适合自动包装设备的结构形式。它们的结构特点是：包括侧板、端板和底板结构，以及一组由提手、捆包间隔结构或纵横隔板结构组成的中间部分。图 2-234 显示了典型的提篮式集合包装纸盒的一般组成部分。

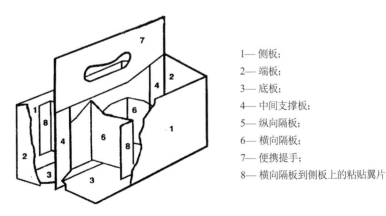

1— 侧板；
2— 端板；
3— 底板；
4— 中间支撑板；
5— 纵向隔板；
6— 横向隔板；
7— 便携提手；
8— 横向隔板到侧板上的粘贴翼片

图 2-234　典型的提篮式集合包装纸盒的一般组成结构

（1）瓶颈分隔的捆包间隔结构的饮料瓶用提篮式集装纸盒。

这种结构是为包装较重的饮料瓶而设计的，它不要求瓶与瓶之间完全隔开，只在瓶颈处使用正反折成型的分隔结构进行瓶颈的分隔与定位。图 2-235 所示的是横向分隔结构的两种变化设计。

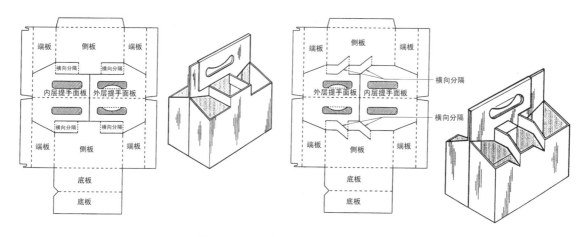

图 2-235　饮料瓶瓶颈分隔的捆包结构

这种结构可以在高速自动化纸盒成型设备上制造，成型后以平板状进行储运，使用时直接撑盒，内外两层提手面板对移重合即可。图 2-236 模拟显示了该结构纸盒的成型与撑盒过程。

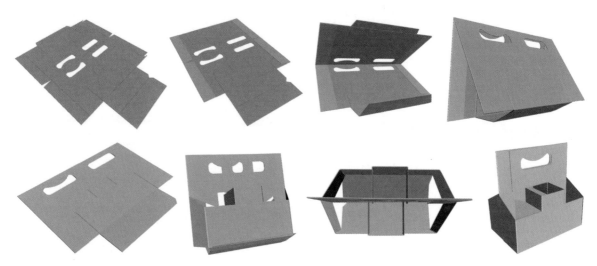

图 2-236　提篮式分隔捆包结构成型过程

（2）纵横分隔间壁结构的瓶用提篮式纸盒 1。

这类结构是单层纵横分隔的瓶用提篮式集装纸盒结构的基本设计形式，分隔方式与前面学习的药品包装的内分隔结构类似，使用手工或机器均可进行成型和装盒操作，如图 2-237 所示。

在提手位置可以进行一些设计变化，与图 2-237（a）中对折提手的双层结构不同，图 2-237（b）中的提手结构有四层，极大地增加了纸盒在提携过程中的承载能力，可以在纸盒中放置更重的产品。

（3）纵横分隔间壁结构的瓶用提篮式纸盒 2。

图 2-238 中的结构是另外一种设计思路。可以对照观察纸盒底板的位置，图 2-237 中的设计方法是将底板与侧板通过粘贴翼在底部的侧边缘进行连接，而图 2-238 则是将底板与侧板、端板全部连接为一体，类似盘型纸盒的成型方式。这种成型方式最大限度保证了底板的承重强度。

这些设计的共同特点是将纸盒内部通过隔板分成了若干个独立的装载空间，使内装物在盒内彼此不接触，能够减少玻璃瓶包装因碰撞引起的损伤。另外，通过调整横向间壁结构的数量，还可以将纸盒的集装数量减少为4个。如图2-239所示为四间壁瓶用提篮式纸盒。

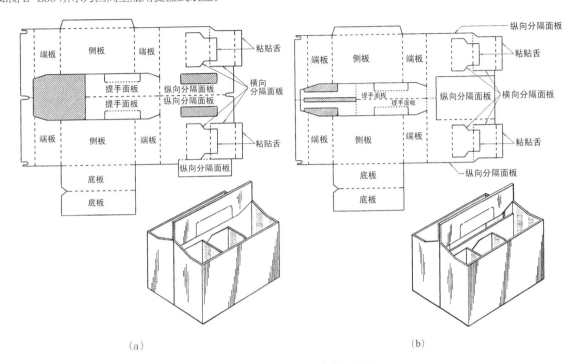

（a）　　　　　　　　　　　　　　　　　　（b）

图2-237　六间壁瓶用提篮式纸盒结构1

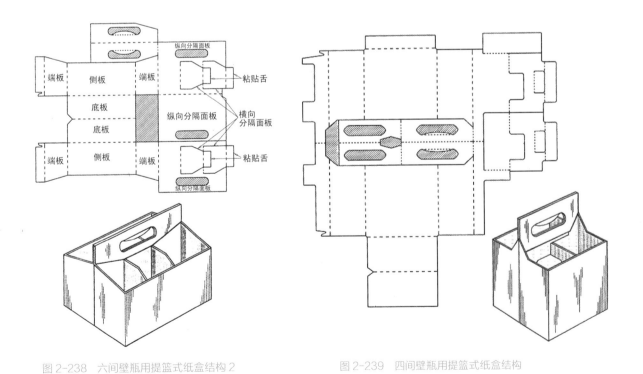

图2-238　六间壁瓶用提篮式纸盒结构2　　　　　图2-239　四间壁瓶用提篮式纸盒结构

3. 管型集合包装结构

这一类纸包装集合结构因其成型方式的特点与常规管型纸盒相同，所以称其为管型集合包装纸盒。管型集合包装纸盒结构的主要特点首先是具有管型纸盒的成型方式特点，即旋转成型方式，但它们的使用方式通常是卧式的。

简单地理解就是在第一类裹包集合的结构基础上前后端增加盖板。管型集合包装主要结构组成包括顶板、侧板（端板）和底板，图 2-240 就是这一类包装的基本结构形式。

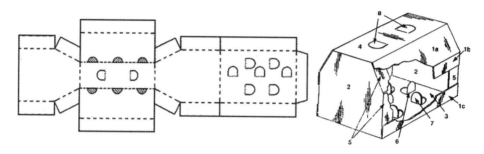

图 2-240　管型集合包装基本结构组成

1a—上侧板；1b— 中侧板；1c—下侧板；2— 端板；3— 底板；4— 顶板；5— 防尘翼；6— 纵向分隔定位键；7— 横向分隔定位键

从它的展开结构图中可以看到，纸盒的顶板、底板、两个端板相当于普通管型纸盒的盒体部分，而前后两个半封闭状侧板则相当于普通管型纸盒的上下盖板，虽然成型方式一样，但由于使用方式及各部分结构功能进行了变化，使得这类结构与常规管型纸盒有了很大不同。

（1）带加强提手的管型结构。

图 2-241 所示的纸盒其实就是一个典型的完全封闭的密封结构管型纸盒，但是将其中一个体板分割为两部分，并将粘贴翼置于这两部分中间，将提手开孔后就使纸盒有了一个双层提手。

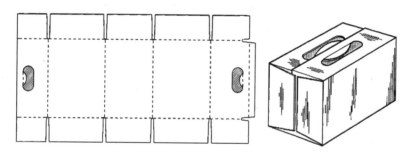

图 2-241　带加强提手的管型结构

（2）自锁底双层提手的便携式包装纸盒。

这个例子是在典型自锁底管型纸盒结构基础上，对其盒盖进行设计变化，添加了一个双层提手成为便携式集合包装提篮盒，如图 2-242 所示。这种结构主要应用于一些小体积的物品。

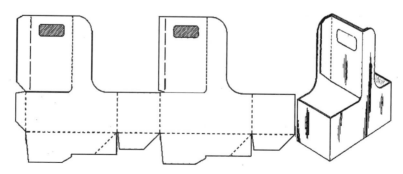

图 2-242　带加强提手的管型结构

（3）可内折端板的管型集合包装纸盒。

管型折叠纸盒去掉盒底、盒盖以后就是一个套筒结构，它通常作为组合包装中的辅助结构使用，但是图

2-243 却仅仅对其中一对体板的形状做了简单改动，就成为可单独使用的集合包装结构。

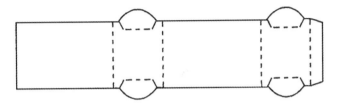

图 2-243　可内折端板的管型集合包装纸盒

　　这是一种能自动成型并且包装 2 个、4 个或 6 个罐头的预黏合管式结构，也可以作为一种短期促销品的包装。被包装的罐头容器的罐底与罐盖必须具有金属卷边结构，如图 2-244 所示。图 2-244（a）中展示的成型状态是做好装入罐头的准备，顶部半圆形端板折翼还没有折入。包装时，将罐头向内推入，半圆形端板折翼到达罐头的罐盖或罐底中间位置时停止，并在纸板自身弹力作用下回弹，这时如果罐头向外移动，其金属卷边结构就会被这个半圆形折翼卡住，使其固定在包装内部，如图 2-244（b）所示。

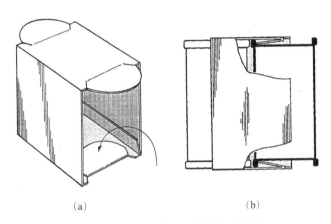

(a)　　　　　　　　　　(b)

图 2-244　可内折端板纸盒的装载示意图

　　（4）套筒式瓶颈固定集合结构。

　　将管型套筒结构的粘贴翼向内延伸设计，按照管型折叠纸盒内分隔结构的设计方法，还可以设计出另一种集合结构，如图 2-245 所示。这种结构不是完整的包装容器，它仅用于若干个瓶状容器在瓶颈处进行集装固定、成组售卖。图中两组开孔处分别卡在瓶子的瓶盖和瓶颈处。

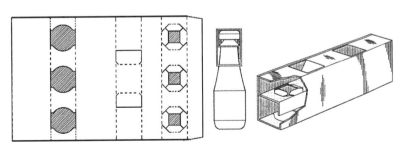

图 2-245　套筒式瓶颈固定集合结构

　　4. 盘型集合包装结构

　　最后一类纸包装集合结构的成型方式与常规盘型纸盒相同，称为盘型集合包装盒。

　　图 2-246 中这种盖状边缘锁集合结构是从经典的托盘固定结构发展来的，它只适用于在超出罐的主体直径的顶部边缘，一般用于有金属卷边结构的罐头类或易拉罐类容器。盘型结构的内外层壁板之间形成三角形空隙，开槽结构刚好卡在金属卷边结构处。

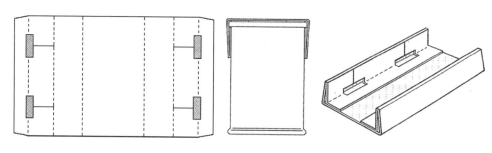

图 2-246　盖状边缘锁集合结构

四、折叠纸盒方便使用的功能性结构设计

1.提手结构

提手是为了方便消费者携带而设计的手提结构。提手的设计，要保证有足够的强度、安全可靠，不能因提手的设置而严重削弱纸盒或盒体局部的强度；提手还应适应主要消费对象的身体尺寸，方便提携而不划手；高档的包装纸盒的提手还应具有装饰性要求。

提手（含手孔）设计的位置在纸盒包装的盒体上，一般包括盒体板的设置和在盖板或盖板延长线部分进行设置。常规的提手结构如图 2-247 所示。

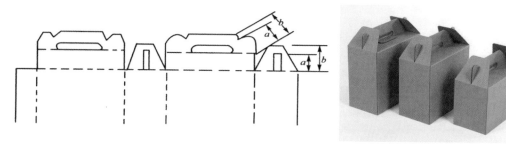

图 2-247　常规的提手结构

在设计提手的时候，如果纸盒盖板的长度尺寸小于手掌正向执握宽度与必要的承重尺寸之和，可以考虑利用纸盒盖板的对角线设计提手，或设计圆提手孔，以便提携，如图 2-248 所示。

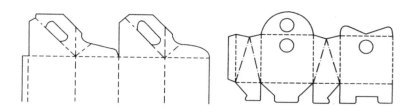

图 2-248　斜提手窗与圆手孔

这些都与手的尺寸有关，所以在提手设计中，至关重要的是包装提手的尺度设计。

尺度指设计对象的整体或局部，与生理或人所习惯的某种特定标准之间的大小关系。研究尺度必须了解人体测量学。参照图 2-249 中提手基本结构的示意图，来了解包装提手的尺度问题。

一般情况下，不论何种包装材料，只要采用一体结构的提手，就需要考虑四个主要尺寸。

（1）提手的长度。

提手的长度用字母 a 表示。提手长度与手幅宽度有关，它应等

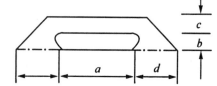

图 2-249　提手基本结构的示意图

于或略大于手幅宽度，以便手掌从该尺寸方向上能自由伸入提手窗。

（2）提手的宽度。

提手的宽度用字母 b 表示。提手宽度与手掌厚度有关，它应等于或略大于手掌厚度，以便手掌从该尺寸方向上也能自由伸入提手窗。

（3）提梁的高度。

提梁的高度用字母 c 表示。提梁高度与手掌执握尺寸有关，它应等于或略小于手掌执握尺寸，以便执握动作更舒适、更轻松、更牢靠。但是，如果提梁高度过小，由于重力和行进间自然摆臂动作的影响，提手极易在提手窗纵端的提梁位置上撕裂。

（4）提手窗与提手的端点距离。

提手窗与提手的端点距离用字母 d 表示。这是一个强度薄弱之处，不宜过小，选择这个尺寸需要通过实验进行确定。

以上四个主要尺寸中，提手的长度、宽度和提梁的高度与人体手掌结构尺寸有关（图2-250），设计时要考虑尺度问题，其中提梁的高度应同时考虑强度问题，此时应综合平衡。

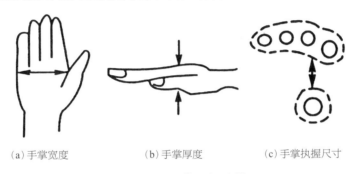

(a) 手掌宽度　　　　　　(b) 手掌厚度　　　　　　(c) 手掌执握尺寸

图 2-250　手掌尺寸示意图

➡ 问题：我们在使用人手部尺寸进行提手设计时，选择男性尺寸还是选择女性尺寸？

设计时，为保证大多数人群的使用，应选用成年男性的手部尺寸作为设计依据。

2. 易开启结构

易开启结构是为方便消费者开启包装盒而设计的局部结构。易开启结构的位置应合适，避免影响装饰图案的设计构成，同时要适于加工和消费者的使用习惯、简单方便。

（1）易开启结构的主要形式。

①撕裂口结构。

撕裂口就是预先模切出一个开口结构，方便从这个位置撕开。常见的撕裂口结构是在塑料包装容器的包装袋中出现的边缘剪口结构，在平纸袋结构中也可以使用，如图2-251所示。

②半切线结构。

半切线结构是在需要撕出开口形状的位置上，将开口形状切开一部分，其他部分以打孔或间断切开的形式进行预模切，消费者在开启纸盒的时候，只需要将手指在该处下压，就可以轻松撕开，如常用的抽纸包装盒的顶部抽纸开口区域（图2-252）。

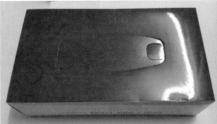

图 2-251　撕裂口结构　　　　　　　　　　图 2-252　半切线结构

③撕裂打孔线结构。

打孔线是以点状针孔形式，整齐密集地在需要开启的位置上进行打孔（图2-253）。消费者在开启这类纸盒的时候，沿打孔线稍用力撕裂，就可以将它撕开。

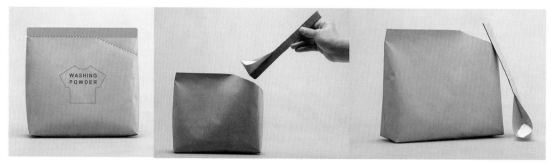

图 2-253　撕裂打孔线结构

④间断切线结构。

间断切线也称为纸拉链结构，一般使用通用的纸拉链模切结构。这些结构可参考表2-2所列的结构形式。纸拉链结构，一般在纸盒盒盖尤其是密封封闭式盒盖处进行预模切，开启时，消费者沿着纸拉链的开启端可以轻松撕开（图2-254）。

表 2-2　常见预模切纸拉链结构设计形式

平板模切拉链	圆压圆模切拉链
A	标准 0.130 0.500
B	标准W/1/8"缺口 0.125 0.500
C	开放式 0.500 0.225
双向	0.400倾斜 0.400 0.140
	0.375倾斜(5/16"跨度)
	0.25倾斜 0.250 0.090
	撕裂边 W.153 0.035

图 2-254 间断切线结构

➡ 思考：纸拉链结构的形状与结构组成，与人的哪根手指有关？有何关系？

（2）纸盒易开启结构使用模式。

①一次性开启结构。

这种结构一旦沿着撕裂线撕开，纸盒就会完全开放，不可再封合，属于一次性使用的结构。大部分易开启结构都属于这种形式（如图 2-255），其主要设计目的是防盗启。

图 2-255 一次性开启易开结构

②可再封盖易开结构。

它的主要特征是沿着撕裂打孔线或间断切线将纸盒开启后，撕开处重新形成一个盒盖结构，如果内装物没有使用完，可以使用这种临时性的新的盒盖，再次将纸盒关闭，如图 2-256 所示。

图 2-256 可再封盖易开结构

3. 倾倒口结构

一些粉末状或细颗粒状产品有时会使用倾倒口结构的包装盒，能够方便地倒出内装物，减少散落，并方便闭合。如图 2-257 所示，倾倒口结构主要有两种结构形式：另一种是分体式组合倾倒口结构，另一种是一体式结构。早期的一体式结构会使用附加的金属倾倒口构件。

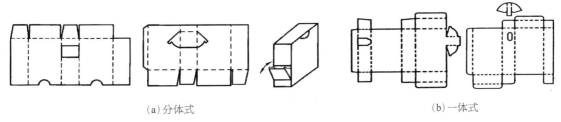

(a) 分体式　　　　　　　　　　　　　　　　(b) 一体式

图 2-257 倾倒口结构

➡ **问题：** 现在纸盒包装中已经较少使用倾倒口结构了，市场上也罕见这种结构，原因何在？

主要原因是它所包装的粉末状或颗粒状的内装产品大部分遇空气易受潮结块，在使用时这些粉末与颗粒容易附着在振出口构件的口沿处，不易清理，甚至造成再闭合困难。

4. 其他方便结构

方便使用的功能性结构的主要形式除了提手结构、易开启结构等，还有一些其他设计类别，例如开启后方便取出结构、使用后方便回收结构等。对于消费者而言，包装打开以后，内装物是否容易从包装中取出，也是一种设计需求。例如常见的硬糖包装通常是将糖果叠放后整体裹包，吃的时候需要一圈圈的撕掉包装纸，想不破坏包装纸顺利取出非常麻烦。如图2-258所示的改进设计是在糖果之间绕了一张纸条，较好地解决了不用撕开包装纸取出糖果的问题。

图2-258 硬糖包装的改进设计

➡ **提示：** 很多集合包装的产品由于包装内部码放得过于密集，往往造成取出困难，能否通过设计的手段，在包装盒内增加一些辅助结构，帮助消费者取出产品呢？

五、折叠纸盒宣传与展示的功能性结构设计

宣传与展示是销售纸包装结构设计的重要需求之一，它要求在卖场上能够第一时间吸引消费者的视线，所以外形美观、造型独特、有效展示是展示与宣传的功能性结构设计的重点。

1. 开窗结构

在纸盒面板上进行预模切开窗，然后在窗口上覆贴透明的塑料薄片或玻璃纸等，使内装商品得以清晰展现，消费者可以在不触摸商品的情况下，进行观察和挑选商品。开窗的位置要以充分展示内装商品为原则，窗口的轮廓形态要增强装饰性，窗口开设的位置、大小和形状要与纸盒的装饰图案、文字及盒内衬板结构统一协调设计。

开窗结构通常有一面开窗、两面开窗或三面开窗（图2-259）。开窗的面积越大，就需要整个展开结构上面板的整体性面积越大。管型纸盒的标准同向直插结构在这方面有较大优势，另外，盘型纸盒作为盒盖使用的大面积顶板也是开窗设计的较好选择。

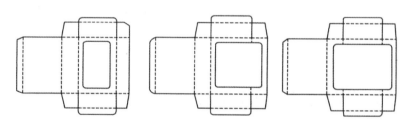

图2-259 开窗结构的大小

开窗结构的窗口形状（图2-260）可以是常规的矩形，也可以是其他的形状，应与内装物的性质相匹配。

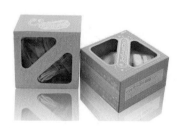

图2-260 开窗的窗口的形状

➡ **设计提示：** 进行开窗设计时，需要注意窗口的边沿距离纸盒面板折叠线应足够胶黏设备进行涂胶操作（图2-261），否则会造成覆膜困难。

图 2-261　开窗的位置

2. 悬挂孔结构

悬挂孔是在超市销售过程中能够将包装盒全面展现在消费者面前的一种形式。悬挂孔的设计可以应用在管型纸盒的盒盖封口处，也可应用在简易的卡板设计中。

（1）管型折叠纸盒开放端延长设计悬挂孔。

图 2-262 所示是在管型折叠纸盒盒盖处增加悬挂孔的设计范例，在标准同向直插结构纸盒的后面板顶部延长设计出双层挂环结构是常见的做法。

图 2-262　管型纸盒开放端延长设计悬挂孔

（2）悬挂卡板。

悬挂卡板是悬挂展示类结构设计的常见形式。它有两种应用形式，目前超市中普遍应用的是卡板与塑料泡罩相结合的形式，如图 2-263 所示。

图 2-263　悬挂卡板

（3）管型折叠纸盒体板延长设计悬挂板。

纸盒包装在销售时可用于信息传达和广告宣传的面积有限，在管型纸盒结构的基础上，增加一个大面积的可悬挂背板，可以弥补这种缺陷。悬挂背板设计的方式有图 2-264 中所示的三种选择。

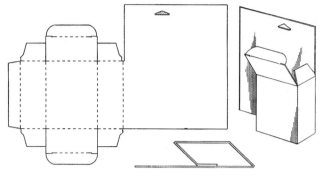

(a)单层悬挂背板

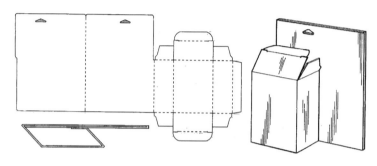

(b)双层悬挂背板1

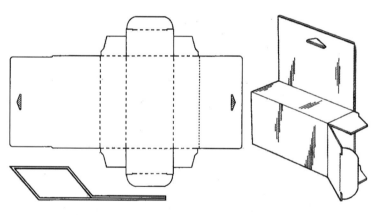

(c)双层悬挂背板2

图2-264　纸盒悬挂背板结构

　　从结构上来讲，这三种设计都是在管型的标准同向直插纸盒的基本结构上延长和增加后面板的面积实现的，不同的是，图2-264（a）是单层的背板，图2-264（b）、图2-264（c）都是双层背板。

　　➡ 设计提示：在实际应用中建议使用后两种设计形式。

　　➡ 问题：请思考，这种建议的理由是什么？

　　既然使用背板设计的原因是增加包装宣传的信息量，那么背板上就必然要进行图文印刷。可以注意到，第一种设计形式中，虽然背板使用的材料较少，但如果要在纸盒正面显示印刷信息，在背板上进行印刷的位置却是纸盒印刷的反面。这意味着制造过程中要多一道印刷工序，所增加的成本是相当大的。而后面两种双层背板的设计形式就不会出现这样的问题，所增加的纸板面积的材料成本几乎可以忽略不计。所以在设计时，应该进行合理的选择。

　　3.陈列展示台结构

　　无论是盘型结构还是管型结构，都可以设计陈列展示台。

　　（1）盘型结构的陈列展示台设计。

盘型结构的陈列展示台设计包含单壁盘型结构和双壁盘型结构的设计变化形式，设计时都是在典型常规结构的基础上进行变化的。

①设计变化1。

这个结构是在单层侧板/双层端板的结构基础上将其中一侧的端板变化成展示用盖板的设计，如图2-265所示。

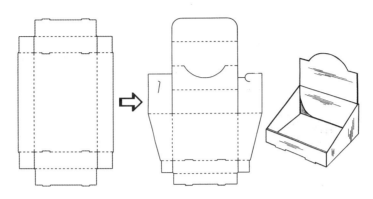

图2-265　单层侧板/双层端板的盘型结构变化

②设计变化2。

图2-266中的两个例子都是双壁结构：一个使用了底脚副翼插别式锁合结构，另一个使用了底脚副翼插锁式锁合结构。

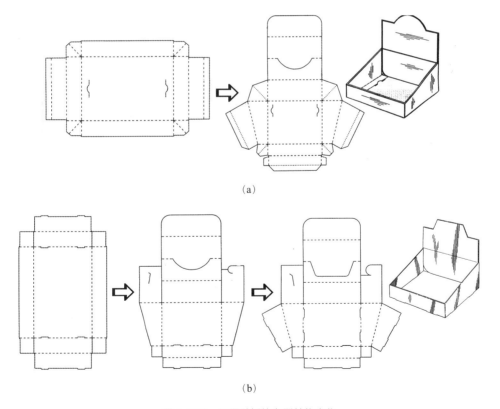

（a）

（b）

图2-266　双层壁板的盘型结构变化

（2）管型结构的陈列展示台设计。

这样的展示台造型除了使用盘型结构成型以外，使用管型结构也可以实现。在设计时，缩短纸盒高度，增加开放端开口面积，将盖板和插舌翼的结构进行调整，同时在前面板处做方便展示的缺口处理。如图2-267所示，这两个例子分别使用了1-2-3锁底和自锁底结构。

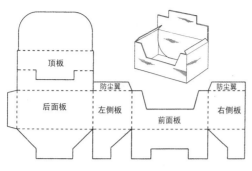
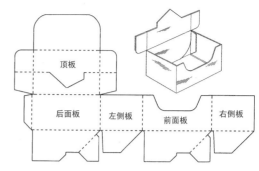

图 2-267　管型结构的陈列展示台设计

➡ 设计提示：值得注意的是，不管是盘型结构还是管型结构，这一类陈列展示台结构都是展示与包装两用的。

在柜面进行展示时，在顶部盖板的中心处有一条半切断线，模切的形状根据装饰信息进行变化，沿线对折后可以作为宣传展示的背板，增大的插舌翼可以完全覆盖纸盒内侧。完成售卖交易环节后，这些结构都可以进行组装变化，宣传背板重新展开形成完整的盒盖结构将展示口覆盖，经过适当封闭操作后，就可作为完整的包装件被消费者带走。

（3）模拟自动售货机出货的展示结构。

该结构的上半部分是一个直插封口的管型纸盒结构，下半部分将前面板分割成两部分：底部的前面板使用钩锁形成一个翻斗结构，方便开合（图 2-268）。这种纸包装结构在零售场合中展示给消费者，能够极大地引发消费者的兴趣和购买欲望。

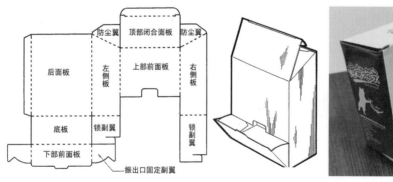

图 2-268　模拟自动售货机出货的展示结构

（4）自体形成展架的结构设计。

图 2-269 中所示的是一个两片式组合的展架包装。它的主要结构是两片式的：内部为盘型结构，外部为管型结构。外层结构有两个作用，在运输当中作为套筒结构固定内层结构与产品，在展示当中沿预模切线打开，作为支撑架结构支撑内层纸盒展示商品。

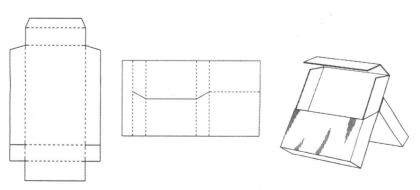

图 2-269　自体形成展架的结构

另一个类似的设计是我们非常熟悉的硬质烟包纸盒的结构（图 2-270），它是一体成型的，上翻盖可以起到展示支架的作用，由上下两个盘型结构组成。

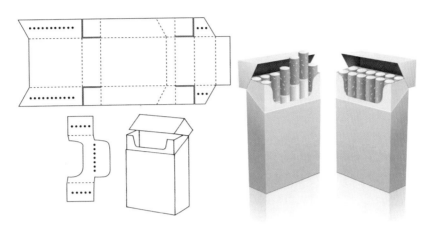

图 2-270 通用硬质烟包纸盒结构

（5）其他展示结构。

在展示结构设计中，还有一些直接展示商品的辅助结构，例如集装托盘和宣传展示牌等（图 2-271），设计方法多种多样，对卖场空间的适应程度也不一样，在解决实际设计问题时应综合考虑设计需要。

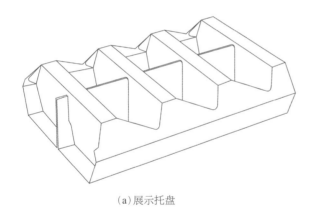

（a）展示托盘　　　　　　　　　　　　　（b）卡片展台

图 2-271 其他展示结构

六、纸包装结构中的人因分析

人是包装的创造者，而包装除了为产品服务，同时也是为人服务的，因此，人与包装形成了极其密切的关系。包装需要人来操作，人与包装之间会形成不可分割的人因关系。所以，在包装设计中要考虑人的因素，将人的身体尺寸、反应特性、施力状态与劳动心理纳入具体的包装设计当中，这就是人因工程学上的人的因素问题。

人因工程学是按照人的特性设计和改进人—物—环境系统的科学，旨在设计和优化任务、工作、产品、环境、系统，使之满足人的需要、能力和限度。以人为中心的设计已成为现代社会迅速发展的技术的一个基本点。可以说现代设计的主要困难已不在于产品本身，而在于能否找出人与产品之间最适宜的相互联系的途径与手段，在于使产品结构与"人的因素"相吻合。

具体到在纸包装容器结构设计的实践中运用人因学原理，首先要学会分析纸包装结构设计中的人因因素。产品在储运、销售、提携、使用、回收等物流环节中，只有包装结构与人密切配合，才能使包装更好地为人服务，体现"以人为本"的设计理念。

例如：搬运包装箱时，人的手臂尺寸和肩宽值限制了其尺寸；携带包装箱时，人体各部肌肉力量限制了其重量；包装箱的材料和结构是否可回收利用。所以，要从人因尺寸分析、纸包装产品的流通环境、结构设计要素等进行分析与讨论。

1. 人因要素分析

（1）人因尺寸分析。

纸包装产品经历了生产、储存、运输、销售、提携、使用和回收处理等环节，所涉及结构设计的主要人体尺寸数据有手掌、手臂、肘部高度、肩宽的静态尺寸以及搬运时的动态尺寸等。

例如，搬运时取成年人第50百分位数为设计依据，成年男性的上臂长313mm，前臂长237mm，肩宽375mm，成年女性的上臂长284mm，前臂长213mm，肩宽351mm。在进行提手设计时，都应取其极端个体的极大值，成年男性手幅宽76～89mm，手掌宽度在26～31mm。

（2）纸包装产品的流通环境分析。

纸包装产品在储运、销售、携带、使用、回收等流通环节中，都需要考虑人因工程学的因素。在搬运过程中，人工搬运必须考虑工人的负荷疲劳，纸箱的提孔和尺寸设计要符合人搬运的舒适性。在商品销售过程中，用作销售包装的折叠纸盒和粘贴纸盒，需要满足销售定位人群的消费心理，吸引并促进其购买。消费者购买商品后，需将商品携带回家，纸包装产品要设计符合消费者便携的提手结构、产品重量和尺寸。

（3）纸包装结构设计要素分析。

①纸包装尺寸及重量。

纸包装产品搬运的舒适性影响纸箱尺寸的设计和纸箱重量；纸包装产品携带的方便性影响了包装提手的设计；纸包装产品使用的开启性影响开启结构的设计；纸包装产品回收的便利性影响回收结构的设计。

在纸包装的储运结构设计中，主要涉及纸包装的尺寸、重量等要素。

首先是产品包装箱的最大尺寸设计：考虑人在站立装卸或搬运时的舒适度及工作效率，包装箱体的结构尺寸（长、宽、高）取决于人体的结构尺度、人肢体有效活动范围及适宜用力角度。人搬运时上肢活动最有利的角度是上臂外展5°～20°，肩背肌肉不易疲劳；外展角度超过这个范围时，肌肉容易疲劳。通过计算可知，成年男性搬运的包装箱箱长最长为750mm，女性搬运的包装箱箱长最长为700mm，所以一般销售包装的箱体长度要小于700mm。产品重心在距离躯干前300mm的时候，人体上肢肌肉不易疲劳，因而可得到包装箱设计的最大宽度值为440mm。另外由纸箱堆码、抗压强度理论可知，一般设计纸箱的高度最大不要超过箱宽。这样，适合人体搬运的包装箱的长宽高尺寸界线值就确定了，可以作为设计工作中的参考。

其次是包装箱重量的选择：取决于人的手臂在不同方向时的力量和肌体组合力量，以及肌肉疲劳程度等。在批量装卸过程中，负荷过大，超过了人的疲劳极限，则容易造成肌肉疲劳或拉伤；装箱量过大，有可能会造成野蛮装卸现象；负荷过小，不利于作业效率，且还会造成抛掷装卸现象。从人体承受的体力活动工作最佳负荷量分析得出，女性搬运包装箱的限重为15kg左右，男性搬运的限重为20kg左右。在设计批量装箱重量时，要考虑单箱的重量不要超过限重，这样有利于装卸搬运者的健康和提高装卸作业的效率。人体搬运重物生物学模型如图2-272所示。

最后是包装箱外形结构设计：在进行以人工搬运为主的包装箱设计时，要充分分析包装箱的外形结构以及人体手掌尺寸、人搬运时的姿势。比如电视机、冰箱和洗衣机等产品的包装设计，这些产品的尺寸和重量都比较大，单人搬运时会有困难。为了方便搬运，都会在外包装箱上设计搬运手孔。而手孔的位置是根据不同的重量大小来设计的。此外，还应提高产品的重心位置，以保证搬运的平衡。

②纸包装的便携结构设计。

对于盒高、盒宽尺寸小于110mm和重量小于1kg的小型商品包装盒不用设计提手，因为在这个尺寸和重量范围内，消费者可以舒适地拿着包装盒。蛋糕包装是个例外，因

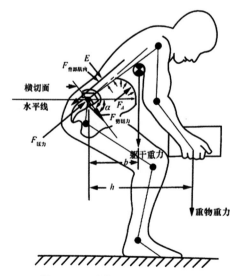

图2-272　人体搬运重物生物学模型

为蛋糕很容易因碰撞而变形，为了保护商品完整和便于消费者携带，要设计一个提手。在许可条件下，包装提手窗的尺寸采用 89mm×31mm，可以方便大多数人搬运或提携。

对于箱高尺寸在 110～440mm 和重量在 1～5kg 内的中型商品包装来说，如果没有提手，直接抱着还是有些重的，稍大些尺寸的盒子也不方便放入购物袋中，会使消费者感到携带不方便。所以，这类包装盒需要设计提手，提手可以设计成一体式的，也可以是附加形式的。

重量为 5～20kg 的物品属于大型商品。在进行包装设计时，便携结构多选用提孔，而不是提手。物品重量在 5～15kg 时，男性和女性都可以搬运；而重量在 15～20kg 时，提孔结构的设计主要针对男性。除此之外，还要考虑箱体的高度、提孔设计在哪个位置才方便搬运。

瓦楞纸箱的开孔位置开在纸箱侧面靠近高度中线处的时候，纸箱耐压强度最好。当纸箱高度小于 400mm 时，开孔位置应在纸箱侧面靠近高度中线处，且提孔下方的高度为 250mm 左右，这样才方便搬运。当纸箱高度在 400～1000mm 时，提孔的位置应开设在箱体的侧下方，这样在搬运时，提孔下方的纸箱长度很小，两臂伸直也不会妨碍两腿走路，提孔下方距离纸箱底的高度还是 250mm 左右。另外，在搬运时，如果使手孔一侧向前，纸箱就会自动倚靠在搬运者的胸前，从而可以获得较好的稳定性。纸箱手孔位置如图 2-273 所示。

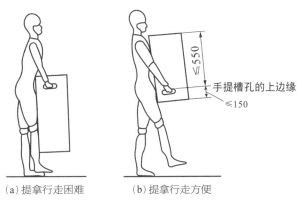

（a）提拿行走困难　　（b）提拿行走方便
图 2-273　纸箱手孔位置

③纸包装的使用结构设计。

纸包装产品的使用方式，主要考虑包装的开启形式，一般需要针对产品的特性和使用人群来分析。例如易开启结构、多次开启结构、特殊开启结构等，主要与人的手指尺寸及施力大小有关。

④纸包装的易回收结构设计。

商品使用完后，包装材料需要进行废弃处理，一般纸包装废弃后都可以回收再利用。但是由于人们回收意识不强，需要通过纸包装的结构再设计提醒人们正确回收纸包装产品，减小废弃物的回收体积。折叠纸盒本身可以沿作业线进行平板状折叠，需要在盒体上设计一些结构和标志，才能引导消费者拆折纸盒，减小回收体积。粘贴纸盒的固定结构不利于回收利用，可以将折叠纸盒的设计思想引入粘贴纸盒中，通过铰链结构完成折叠过程，从而减小储运和回收的空间。

2. 人因要素设计举例

在包装结构设计过程中，人因尺寸分析可以在早期对包装容器的合理尺寸做范围限定。例如，需要设计一个带提手的包装箱，方便消费者购买后提携行走。在常规的设计过程中，我们往往只考虑内装产品的形态、重量、尺寸，考虑包装材料的性能，考虑即将设计的包装结构的组成等，却忽视了消费者在提携行走过程中的人体尺寸要求。为了方便人的需要，在具体进行相关结构设计之前，应该首先确定包装箱的最大高度限制，使其不拖地、不影响走路、不显得笨重。

图 2-274　包装箱结构设计中垂直高度的限定

如图 2-274 所示，人手臂自然下垂提携包装箱时，手掌执握拳心到地面的距离，是包装箱总体高度设计的极限尺寸，这个尺寸在人体尺寸中称为"手功能高"。

按照设计要求，根据国家标准《在产品设计中应用人体尺寸百分位数的通则》（GB/T 12985—91），这个尺寸在选取时应选用最小值，才能符合绝大多数人的使用需要，所以这个包装箱设计属于 IIA 型产品尺寸设计，需要一个人体尺寸百分位数作为尺寸设计的上限值。这时，首先要做的工作是选取合适的设计初始值。

表 2-3　女性立姿人体尺寸（单位：mm）

测量项目	百分位数												
	18～55 岁							18～25 岁					
	1	5	10	50	90	95	99	1	5	10	50	90	95	99
4.2.1 眼高	1337	1371	1388	1454	1522	1541	1579	1341	1380	1396	1463	1529	1549	1588
4.2.2 肩高	1166	1195	1211	1271	1333	1350	1385	1172	1199	1216	1276	1336	1353	1393
4.2.3 肘高	873	899	913	960	1009	1023	1050	877	904	916	965	1013	1027	1060
4.2.4 手功能高	630	650	662	704	746	757	778	633	653	665	707	749	760	784
4.2.5 会阴高	648	673	686	732	779	792	819	653	680	694	738	785	797	827
4.2.6 胫骨点高	363	377	384	410	437	444	459	366	379	387	412	439	446	463

表 2-3 来自国家标准《中国成年人人体尺寸》（GB10000—88）。如表 2-3 所示，人体较小值应在女性尺寸中选择，在表中找到"手功能高"数据，选择小于 95% 人群尺寸的第 5 百分位数值 650mm 作为最大上限值进行计算。选择合适的数值后，要进行修正，包括功能修正和心理修正。其中功能修正包括穿着修正量、姿势修正量和操作修正量；心理修正量是通过被试者主观评价进行实验统计分析得来的，考虑了心理修正量的产品尺寸被称为"最佳功能尺寸"。在本例中，功能修正量是需要增加鞋高尺寸 20mm，减少心理修正量 150mm，包装箱设计的最大高度应为：

$$650 + 20 - 150 = 520（mm）$$

这个高度值可以作为后期具体设计带提手纸箱外尺寸高度的最大限定值。

第五节　折叠纸盒的尺寸设计与计算

一、折叠纸盒的尺寸计算方法

在设计实践中，掌握设计方法是前提，如果要做出精确设计并付诸图纸，使设计思想最终能够在生产过程中实现，包装盒的尺寸计算就显得非常重要了。

折叠纸盒的尺寸计算，包括纸盒的内尺寸计算、制造尺寸计算和外尺寸计算三个部分。通常情况下，用字母 L 表示纸盒的长，字母 W 表示纸盒的宽，字母 H 表示纸盒的高。在纸盒的尺寸度量惯例中，内尺寸、外尺寸和制造尺寸可以按表 2-4 所示进行标注。

表 2-4　纸盒的尺寸度量惯例

盒（箱）尺寸	设计尺寸			
	内尺寸	外尺寸	制造尺寸	
			盒（箱）体	盒（箱）盖
长度尺寸	L_i	L_o	L	L^+
宽度尺寸	$W_i (B_i)$	$W_o (B_o)$	$W (B)$	$W^+ (B^+)$
高度尺寸	H_i	H_o	H	H^+

1. 折叠纸盒的内尺寸计算

通常根据所装产品的结构尺寸确定纸盒的内尺寸，同时了解和分析所装产品的特性，考虑盒内是否需要内衬结构，再最终确定纸盒的内尺寸。

纸盒内尺寸的计算公式是

$$X_i = X_{imax} + D + K_i \qquad (2\text{-}7)$$

其中，X_i——纸盒的内尺寸；

X_{imax}——产品的最大外形尺寸；

D——内衬尺寸；

k_i——内尺寸的公差系数。

尺寸单位都用 mm 表示。

内尺寸公差系数 k_i 取值的一般原则：可压缩性的或者松软的产品，k_i 的取值可以小一些，一般取 1～3mm；刚性的、比较硬的产品，k_i 的取值可大些，一般取 4～5mm；易变形的产品内尺寸的误差一般在 ±3mm，不易变形产品的内尺寸误差一般在 ±0.5mm。

内衬需要与否，要根据产品包装时对它的保护需求来确定。如果纸盒与产品之间有内衬结构，还应计入内衬尺寸及其与产品盒内壁之间的间隙尺寸或间隙系数。

2. 折叠纸盒的制造尺寸计算

根据产品尺寸计算的纸盒内尺寸是纸盒内部的最大容装尺寸，在包装结构设计中的目的是满足包装的规格需要。在纸盒结构设计中更重要的是纸盒的制造尺寸计算，制造尺寸直接关系到纸盒制造图纸的绘制，进而影响纸盒制造准确性。纸盒的制造尺寸就是生产纸盒时的工艺加工尺寸。

制造尺寸计算的基础公式是

$$X = X_i + nt + k \qquad (2\text{-}8)$$

其中，X——制造尺寸；

X_i——纸盒的内尺寸；

n——纸板的层数；

t——纸板的厚度；

k——制造尺寸的修正系数。

首先需要理解纸板厚度 t、纸板层数 n 与制造尺寸 X 之间的关系。以双层端板的盘型纸盒为例，来看这个纸盒底板某一个方向的制造尺寸是如何计算的。

沿图 2-275（a）中所示的方向对纸盒进行长度方向的截切，画出这个方向的截面图，如图 2-275（b）所示。以底板为例，需要计算这个底板长度的制造尺寸，纸板是有厚度的，制造尺寸在计算时取值应在纸板厚度的中心。制造尺寸 X 与外尺寸 X_o 之间左右各相差了半个纸板厚度，制造尺寸 X 与内尺寸 X_i 之间的差别则是由内尺寸与制造尺寸取值界限之间的纸板层数计算出的总纸板厚度。

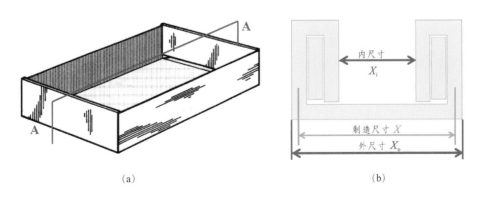

（a）　　　　　　　　　　　　（b）

图 2-275　制造尺寸与内尺寸 X_i、纸板厚度 t、纸板层数 n 之间的关系

如图 2-275 所示，宽度方向上的端板是双层的，所以，纸板层数包括两个内层端板、两个侧板上的连接角副翼和左右各半个外层端板，一共 5 个纸板厚度，所以计算时，制造尺寸 X 等于内尺寸 X_i 加上五个纸板厚度 $5t$，

再加上制造尺寸的修正系数 k。即

$$X = X_i + nt + k = X_i + 4t + 2 \times \frac{1}{2} t + k = X_i + 5t + k$$

3.折叠纸盒的外尺寸计算

除了内尺寸和制造尺寸外，在纸盒完全成型、装箱之前，还应当计算外尺寸。纸盒外尺寸的计算比较简单，通常我们用制造尺寸中长宽高的最大值直接加纸板厚度，再加纸盒外尺寸的修正系数即可，基础的计算公式是

$$X_o = X + t + k \tag{2-9}$$

其中，X_o——纸盒的外尺寸；

X——制造尺寸；

t——纸板的厚度；

K——外尺寸的修正系数。

当然，如果已知纸盒的外尺寸，也可以根据纸盒的外尺寸减去若干个纸板厚计算出纸盒的制造尺寸。

二、管型折叠纸盒的制造尺寸计算

以图 2-276 中所示的管型折叠纸盒为例，计算它的制造尺寸。

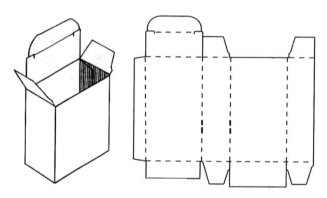

图 2-276　管型折叠纸盒图例

画出纸盒的结构展开图，从展开图中可以看到这个纸盒的结构特点：盒盖结构是插舌翼的直插封口结构，盒底是交叠粘贴的密封封闭结构。为方便计算，在各个主要体板上编号，同时在立体示意图上进行编号的对应标注，并在立体图上标出三个方向的截切示意符号，如图 2-277 所示。

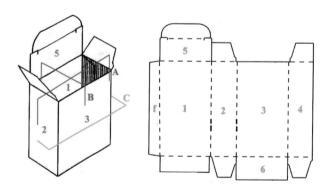

图 2-277　管型折叠纸盒制造尺寸计算前的标注准备

画出 A、B、C 三个方向的截面图，依次在三个截面图中进行制造尺寸的计算，如图 2-278 所示。

（1）A 向截面图中的制造尺寸计算。

在 A 向截面图中，首先在纸盒内部标出高度方向和长度方向的内尺寸，用 H_i 和 L_i 表示，然后标注主要体板的制造尺寸长度，分别是 L_5、L_6、H_2 和 H_4。

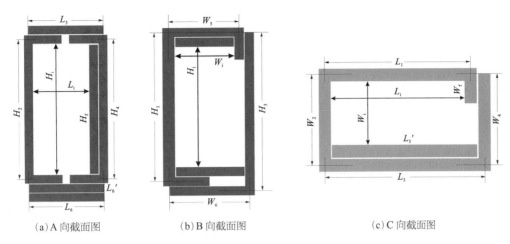

（a）A 向截面图　　　　　（b）B 向截面图　　　　　（c）C 向截面图

图 2-278　管型折叠纸盒截面图绘制

L_5 和 L_6 是相等的，它们是长度方向的内尺寸 L_i 先加上粘贴翼的一层纸板厚，再加上左、右两边各半个纸板厚度，一共加两个纸板厚度，表示为

$$L_5 = L_6 = L_i + t + 2 \times \frac{1}{2}\, t = L_i + 2t$$

底部内层封闭面板 W_6' 在理论上是和 L_6 相等的，但是封闭之后，为了防止内层封闭面板的溢出，通常要将内层封闭面板的长度减去一个纸板厚，所以

$$W_6' = L_i + t$$

高度方向 H_2 的尺寸与 H_4 相等，它们是高度方向的内尺寸 H_i 分别加上、下两个半个纸板厚，表示为

$$H_2 = H_4 = H_i + 2 \times \frac{1}{2}\, t = L_i + t$$

粘贴翼的高度 H_f 等于纸盒高度方向的内尺寸 H_i。

（2）B 向截面图中的制造尺寸计算。

在 B 向截面图中，标注内尺寸 W_i 和 H_i 的位置时需要注意，宽度方向的内尺寸 W_i 标注在顶部插舌翼的内部，H_i 标注在上下两个防尘翼的内部。

H_1 与顶部盒盖封闭面板、底部内层封闭面板相连接，它的尺寸是内尺寸 H_i 先加内部上下两个防尘翼的厚度后再加上、下两个半个纸板厚度，所以 H_1 的尺寸是内尺寸加三个纸板厚，即

$$H_1 = H_i + 2t + 2 \times \frac{1}{2}\, t = H_i + 3t$$

H_3 的尺寸是首先要加内部两个防尘翼的厚度和底部内层封闭面板的厚度，然后再加上下两个半个纸板厚度，即

$$H_3 = H_i + 3t + 2 \times \frac{1}{2}\, t = H_i + 4t$$

W_5 是直接在内尺寸的基础上加左、右两边两个半个纸板厚度即可，即

$$W_5 = W_i + t$$

W_6 要先加上插舌翼插入的那一个纸板厚度，然后再加左右两个半个纸板厚度，即

$$W_6 = W_i + t + 2 \times \frac{1}{2}\, t = W_i + 2t$$

（3）C 向截面图中的制造尺寸计算。

C 向截面图中主要计算纸盒长度和宽度方向的制造尺寸。内尺寸标注的时候需要注意，L_i 要标注在粘贴翼 W_f 的内部。

L_1 的尺寸是在内尺寸 L_i 的基础上直接加左右两个半个纸板厚，即

$$L_1 = L_i + 2 \times \frac{1}{2}\, t = L_i + t$$

W_2 的尺寸需要首先加纸盒内部插舌翼所在的那一层纸板的厚度，然后再加上、下两个半个纸板厚度，即

$$W_2 = W_1 + t + 2 \times \frac{1}{2} t = W_1 + 2t$$

L_3 的与 L_1 相差的只是粘贴翼 W_f 所在的那一层纸板厚度，即

$$L_3 = L_1 + 3t + 2 \times \frac{1}{2} t = H_1 + 4t$$

W_4 的计算与 W_2 相同，即

$$W_4 = W_1 + t + 2 \times \frac{1}{2} t = W_1 + 2t$$

最后是粘贴翼，也就是制造接头 W_f 的宽度。通常情况下，纸盒粘贴翼的宽度不小于 1cm，根据纸盒宽度的大小不同，通常取

$$W_f = 1 \sim 1.6 \text{ cm}$$

（4）其他副翼的制造尺寸计算。

纸盒主要体板的制造尺寸计算完毕之后，对于普通的插舌翼直插封口的纸盒来说，还有一些其他副翼结构的尺寸需要确定，在这里看插舌翼和防尘翼的尺寸。

如图 2-279 所示，防尘翼的宽度一般在纸盒宽度的基础上左右留出不阻碍成型的缩进量即可。这个缩进量一般是 1～2 个纸板厚度；防尘翼的长度 D 通常取宽度 W 和插舌宽度 T 的总尺寸的一半，即

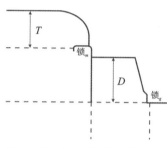

图 2-279　防尘翼与插舌翼的尺寸

$$D = \frac{1}{2} (W + T) \tag{2-10}$$

同时要满足 $D \leqslant \frac{1}{2} L$。

封口插舌翼的插舌宽度 T 一般按经验取值，通常不小于 1cm。由于使用插舌翼封口结构时，更多地使用的是切缝锁定的插舌翼，而切缝锁定的锁$_m$和防尘翼的翼肩锁$_g$之间有一个相互配合关系，在一般的尺寸取值经验中，取锁$_m$= 锁$_g$+2mm，锁$_g$的长度一般约占纸盒长度的 1/10 ～ 1/5。

三、盘型折叠纸盒的制造尺寸计算

盘型折叠纸盒的制造尺寸计算的方法与管型折叠纸盒是相同的，都是在基本的计算公式的基础上，根据不同的纸板厚度与纸板层数进行计算。

1. 单壁盘型折叠纸盒的制造尺寸

以单壁布莱特伍德式盘型纸盒结构为例，首先绘制展开图和相应的立体示意图，然后在各个主要体板上进行编号，并在立体示意图上也进行对应的编号标注，并标出三个方向上的截切示意，如图 2-280 所示。

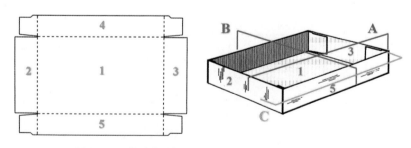

图 2-280　单壁盘型折叠纸盒制造尺寸计算前的标注准备

如图 2-281 所示，画出这三个方向的截面图。

在 A 向截面图中，可以计算出长度方向 L_1 的制造尺寸和高度方向 H_2、H_3 的制造尺寸，要注意由于这是一个没有盒盖的盘型盒，内尺寸的标注与前面的例子有所不同。

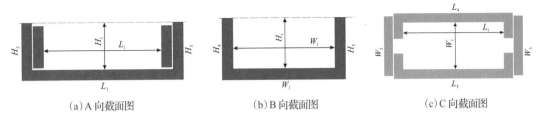

(a) A 向截面图　　　　　　(b) B 向截面图　　　　　　(c) C 向截面图

图 2-281　单壁盘型折叠纸盒截面图绘制

$$L_1 = L_i + 2t + 2 \times \frac{1}{2} t = L_i + 3t$$

$$H_2 = H_3 = H_i + \frac{1}{2} t$$

在 B 向截面图中，可以计算出宽度方向 W_1 的制造尺寸和高度方向 H_4、H_5 的制造尺寸。

$$W_1 = W_i + 2 \times \frac{1}{2} t = W_i + t$$

$$H_4 = H_5 = H_i + \frac{1}{2} t$$

在 C 向截面图中，可以计算出宽度方向 W_2、W_3 的制造尺寸和长度方向 L_4、L_5 的制造尺寸。

$$W_2 = W_3 = W_i + 2 \times \frac{1}{2} t = W_i + t$$

$$L_4 = L_5 = L_i + 2 \times \frac{1}{2} t = L_i + t$$

2. 双壁盘型折叠纸盒的制造尺寸

比较复杂的是双壁盘型纸盒的尺寸计算，画图和应用公式的步骤是相同的，关键在于正确绘制三个方向的截面图。而画图的前提则是弄清楚这个纸盒的成型过程与基本成型规律。

双壁盘型折叠纸盒，由于成型的需要，比尔式的结构几乎是不存在的，所有的纸盒结构都是在布莱特伍德式的结构基础上进行设计变化的。其中最主要的特征便是角副翼结构均与侧板相连接，成型时折入内外端板之间，即使使用平分角角副翼，也是在其对折后折入内外端板之间保证纸盒成型。所以截面图绘制根据成型顺序如图 2-282 所示。

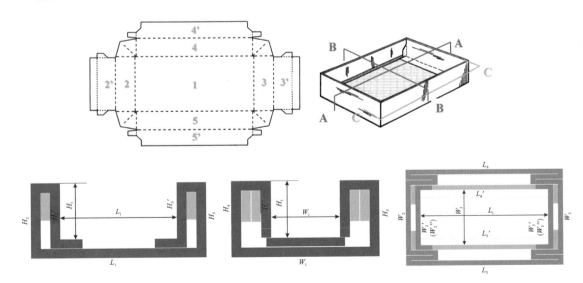

图 2-282　双壁盘型折叠纸盒截面图绘制

$$L_4 = L_5 = L_i + 4t + 2 \times \frac{1}{2}t - 2 \times \frac{1}{2}t = L_i + 4t \qquad W_2'' = W_3'' = W_1$$

$$L_4' = L_5' = L_i + 2t + 2 \times \frac{1}{2}t = L_i + 3t \qquad W_2' = W_3'$$

$$W_2 = W_3 = W_1 + 2t + 2 \times \frac{1}{2}t = W_i + 3t \qquad = W_i + 2 \times \frac{1}{2}t = W_i + t$$

在 A 向截面图中，可以计算出长度方向 L_1 的制造尺寸、高度方向外层端板 H_2、H_3 和内层端板 H_2'、H_3' 制造尺寸。

$$L_1 = L_i + 4t + 2 \times \frac{1}{2}t = L_i + 5t$$

$$H_2 = H_3 = H_i + t + \frac{1}{2}t - \frac{1}{2}t = H_i + t$$

$$H_2' = H_3' = H_i + \frac{1}{2}t - \frac{1}{2}t = L_i$$

在 B 向截面图中，可以计算出宽度方向 W_1 的制造尺寸和高度方向外层侧板 H_4、H_5 的制造尺寸。

$$W_1 = W_i + 6t + 2 \times \frac{1}{2}t = W_i + 7t$$

$$H_4 = H_5 = H_i + t + \frac{1}{2}t - \frac{1}{2}t = H_i + t$$

在 C 向截面图中，可以计算出宽度方向外层端板 W_2、W_3 和内层端板 W_2'、W_2' 的制造尺寸，长度方向外层侧板 L_4、L_5 和内层侧板 L_4'、L_5' 的制造尺寸。

$$L_4 = L_5 = L_i + 4t + 2 \times \frac{1}{2}t - 2 \times \frac{1}{2}t = L_i + 4t$$

$$L_4' = L_5' = L_i + 2t + 2 \times \frac{1}{2}t = L_i + 3t$$

$$W_2 = W_3 = W_i + 2t + 2 \times \frac{1}{2}t = W_i + 3t$$

$$W_4' = W_3' = W_i + 2 \times \frac{1}{2}t = W_i + t$$

底脚副翼 W_2'' 和 W_3'' 的宽度尺寸与宽度方向上的内尺寸 W_i 相等。

第六节　折叠纸盒的制造工艺

一、纸盒制造

折叠纸盒的生产方法以机器生产为主，速度快，产量高，质量好，工艺也比较先进，适合大批量生产。折叠纸盒的原材料有两种，一种是一般的平纸板，另一种是彩面小瓦楞纸板。由于原料不同，其生产工艺也略有不同。

1. 平张纸板制盒工艺

平张纸板制盒工艺如图 2-283 所示。首先是开切备料，开切的尺寸主要按照印刷机的规格大小来定；备料之后进入印刷机进行印刷，在印刷之前还有一个印刷制版的过程；印刷之后，大多数纸盒需要进行表面加工，表面加工的工序有许多种，主要目的是美观与保护；表面加工之后是模切。模切就是根据纸盒的盒坯外形，将它们从印刷好的纸坯上面切下来，模切之前也要进行模切制版，模切制版与印刷制版所使用的图纸是配套的。模切之后需要将与纸盒成型无关的废料清除出去，称为剥离落料。最后是制盒工序，绝大部分平张纸板纸盒需要在相应的设备上全自动进行，盒坯成型之后捆扎入库。

2. 彩色小瓦楞纸板制盒工艺

彩色小瓦楞纸板制盒工艺如图 2-284 所示。从开切备料、印刷、模切、剥离落料、制盒、入库这条主线上来看，彩色小瓦楞纸板的制盒工艺与前面的平张纸板纸盒的制盒工艺基本相同，不同之处在于印刷工序不是直接在瓦楞纸板上印刷，而是先在瓦楞纸板的面纸上印刷，印刷后再将两层的瓦楞纸板与外层面纸进行复合，所以开切备料工序是针对面纸的，瓦楞纸板的制造工序在覆面之前同步进行，包括轧瓦、裱里纸、裁切，然后与印刷好的面纸覆面复合，这一步完成之后，才是模切过程。

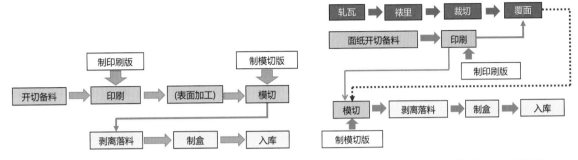

图 2-283　平张纸板制盒工艺过程　　　　　　　　图 2-284　彩色小瓦楞纸板制盒工艺过程

117

由这两个工流程图可知，平纸板和彩面小瓦楞纸板制盒工艺主要是前面部分不同，即彩面小瓦楞纸板制盒工艺的前段增加了彩面小瓦楞纸板的生产工艺。

二、影响纸盒质量的主要因素

影响纸盒质量的主要因素包括结构设计、原材料、印刷和模切。

原材料选择与纸盒结构设计是设计过程中的核心环节，印刷和模切是制盒过程中的两道关键工序。印刷的精美程度极大地影响纸盒的装潢效果，即影响其促销功能；模切质量的好坏极大地影响纸盒的结构（外观、精度、配合、工艺的精细程度等）。

三、折叠纸盒的主要加工工序

下面以平张纸板制盒为例，介绍机制折叠纸盒工艺中的主要加工工序。

1. 开切备料

开切备料亦称开切或开料，它是纸盒加工的第一道工序。开切备料就是根据纸盒展开图的形状和尺寸，结合生产设备的规格，将原料纸板切成一定大小的制作单元——纸坯。

在确定纸坯的大小时，应注意考虑以下几方面的因素。

（1）纸坯版面大小的设计要合理。

第一，要根据现有生产设备的规格来确定纸坯版面的大小：若版面太大，超过设备的规格时，现有设备不能加工；版面太小，又不能充分发挥现有设备的生产能力。当纸盒尺寸太小时，在设计版面时，就可考虑套裁，在一个版面内设计加工两个或多个纸盒，以充分发挥设备的生产能力。

第二，在设计版面时，要节约原材料。纸盒的平面展开图的轮廓是参差不齐的，在版面设计时，一定要合理排列，力求以最少的纸板，生产最多的纸盒。在版面设计时，若能将原张纸板套裁至全开、对开或四开、八开等，则这种套裁就比较合理，经济效益较高。否则，会导致边角余料太多，造成浪费。

第三，版面设计要充分考虑生产加工要素，要操作方便，生产简单。

第四，版面设计时，要在纸盒展开图的尺寸大小周边略放大，即留有加工余量，一般是放大 1cm，最少不得小于 0.5cm。

纸盒版面套裁如图 2-285 所示。

（2）下料时要确认纸板的纹向。

下料前要认清并确定纸板的纹向，同时使纸板的纹向垂直于纸盒的主要压痕线，以防止盒壁翘曲，保证纸盒制作质量。

（3）认清纸板的正面与反面。

下料前要注意认清纸板的正面与反面，以保证将纸板的正面作为纸板的印刷面，提高纸盒的印刷质量。

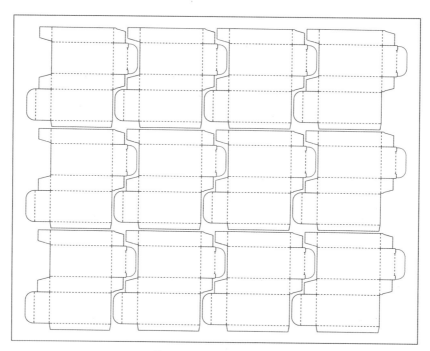

图 2-285　纸盒版面套裁

2. 印刷

纸盒一般都要经过印刷工序。印刷是在承印物上用油墨复制文字、照片或图形的技术。印刷是影响纸盒质量的一道关键工序，印刷的好坏直接影响纸盒的外观。

3. 表面加工

纸板在印刷后，表面往往缺乏光泽，其表面的耐摩擦性、耐油性和耐水性都较差。为了提高纸盒质量的档次，一般都在纸板印刷后或模切后，进行一次表面加工。表面加工方法如下。

（1）涂敷乙烯树脂。

在模切前，在经过印刷的纸坯表面全部或部分涂敷一层乙烯树脂涂料。这种涂料是脂酸乙烯与氯乙烯的共聚物用醋酸乙基甲苯溶解后得到的。涂敷时采用类似印刷的方法，全面涂敷时用辊子涂敷机涂敷，部分涂敷时用凹版涂敷机涂敷。

（2）加压涂膜。

如果要求纸板表面比一般涂敷树脂的表面更平整，更有光泽，可将涂敷过涂料的印刷纸面贴在磨光的金属板上，重叠几层后，再用平压压力机加热加压，或在压光机上将纸板贴在镀铬光亮的滚筒或金属带上进行加热加压，经冷却后就形成像膜一样更平整、有光泽的表层。

（3）贴膜。

贴膜是利用黏合剂将合成树脂薄膜贴到纸板的印刷表面上，其合成树脂薄膜材料可以是聚乙烯薄膜，也可是聚丙烯薄膜。粘贴了薄膜的纸盒即使长时间相互接触，也不会粘连。

（4）烫金与贴金属箔 。

烫金就是趁印刷油墨未干时，吹上一层黄铜粉的加工方法。贴金属箔也称为"热压"，它是把蒸镀了金属层的薄膜经过热压，将金属层转移到印刷面的加工方法。由于金属膜是从薄膜的平滑表面转印过来的，因而加强了金属膜表面的光泽，给纸盒以高贵华美之感。这两种加工方法一般用在高档商品或礼品包装上。

图 2-286 中显示的是烫金工艺的示意图，它的主要工艺过程如下。纸盒坯 1 进入热印（烫印）设备，已经印刷好的印刷面向上（即图中黄色纸盒坯的部分），薄膜架 2 上面缠绕的是复合有金属箔的塑料薄膜卷材，上层热印凸饰模具 3 与下层热印凸饰模具 5 分别位于纸盒坯的上、下两侧（即图中深蓝色的模块，模具上面有需要烫印的花纹，花纹在模具上是凸起的，有点像印章）。薄膜架上的复合薄膜通过导辊进入两层模具之间，当纸盒坯进

入下层热印凸饰模具5与金属箔复合薄膜之间时，上下模具进行热压印动作，加热可以使薄膜上所复合的金属箔从薄膜上脱落，并且压印在纸盒坯上。压印完成之后用过的薄膜，通过薄膜回卷架4重新进行复卷，这时黄色的纸盒坯上面出现了已经印制好的红色图案。

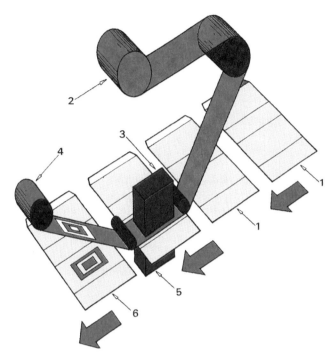

图 2-286　烫金工艺的示意图

1— 纸盒坯；2— 薄膜架；3— 上层热印凸饰模具；

4— 用过的薄膜回卷架；5— 下层热印凸饰模具；6— 已经热印好的盒坯

　　烫金工序印制的图案富有金属光泽，常见的有烫金、烫银、烫红金、烫蓝金等颜色，在普通油墨的色彩中间尤其醒目（图 2-287）。但是经过烫金处理的纸盒在回收时金属箔与纸板不易分离，且废弃的复合膜中材料浪费也较大，所以从绿色包装的角度上，不建议使用与发展这种工艺。

图 2-287　烫金工艺效果

（5）凹凸印。

凹凸印又称压凸或压花。它是在彩色印刷的纸板上，将产品需要突出表现的产品名称、商标、企业形象标志或获奖奖状等部分图案进行压凸，使这部分图案凸出纸面，增加其立体感，给商品以高贵华丽的感觉，以增加商品的附加值。凹凸印工艺效果如图 2-288 所示。

图 2-288　凹凸印工艺效果

4. 模切

模切是将纸板放置在模切版与压板之间，通过施加压力，由模切版将纸板冲切出所要求的纸盒形状，并压出所需要的压痕线的流程。一般来说，模切包括冲切和压痕两种。冲切就是用模切刀根据设计所要求的图形组合成模切版，即在模切版上，模切刀沿着设计的纸盒展开图上的裁切线布置，然后对纸坯进行加压切割。而压痕则是利用压痕刀组合成压痕版，然后通过加压，在纸坯上压出压痕线或其他压凸图案或条纹。需要指出的是，一般情况下，往往把模切刀和压痕刀组合在一个版面内，由模切机同时进行模切和压痕加工。图 2-289 中是制好的平板状模切板。

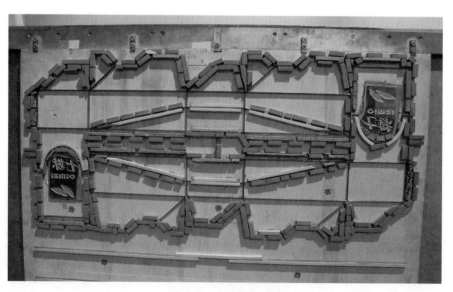

图 2-289　平板模切板

模切版上所用的刀具都呈带状，主要有两种类型，即模切刀与压痕刀，如图 2-290 所示，它们的截面形状如图 2-291 所示。

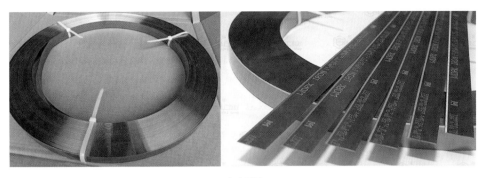

（a）刀具

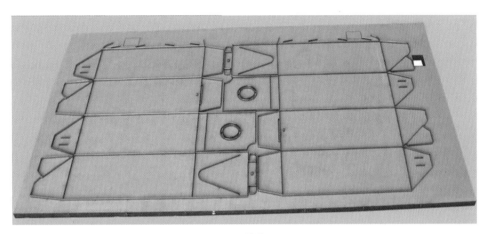

（b）嵌入

图 2-290 模切刀刀具与模切板嵌入

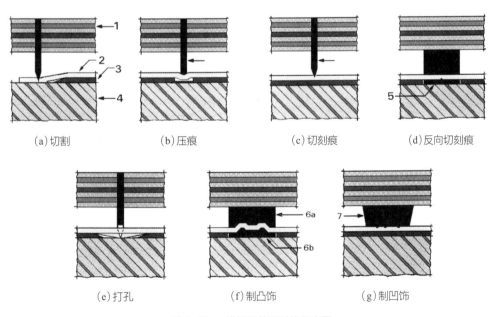

（a）切割　　　　（b）压痕　　　　（c）切刻痕　　　　（d）反向切刻痕

（e）打孔　　　　（f）制凸饰　　　　（g）制凹饰

图 2-291 模切刀截面形状示意图

1— 模具架；2— 纸板；3— 凹盘；4— 下部压印压盘；

5— 可嵌入的反向切刻痕条；6— 凹凸饰正反面配合压痕的成套模具；7— 局部制凹饰的模具

模切刀亦称钢刀，其刃部比较尖锐，以切割纸板；压痕刀又称钢线，其刃部呈圆弧形，只能在纸板上挤压出线痕。模切刀的高度一般为23.8mm，厚度为0.7mm；压痕刀的高度一般要略小于切刀，以便两种刀具在同一模板中，背靠钢垫板同时完成切割与压痕任务。刀具除连续切刃外，还有如图2-292所示的锯齿状切痕刀。这种刀工作时只是间歇切断，有时亦在纸板较厚时作为压痕刀使用。

图2-292　锯齿状切痕刀

5. 落料

纸板经过模切后，要把冲切出的纸盒盒坯（有时称为纸芯）从整个纸坯中取出，此时就必须去掉与纸盒盒坯轮廓线相连的废纸边，并清除盒坯中间的多余部分，如提手孔或其他孔中的多余纸板。这道清除多余纸边和废料的工序就称为剥离落料，有时亦称为落料或撕边、敲芯、清废等。

剥离落料的方式有两种：一种是手工剥离落料，它是先将模切后的纸坯堆码整齐，然后用木锤或汽动手锤敲打，再用手拔出纸盒盒坯；另一种是在一些先进的模切设备中或生产线上，模切机能自动将盒坯剥离出来，如图2-293所示。无论采用哪种方式剥离落料，拔出来的盒坯切口都要光洁、无毛刺。应注意，剥离落料的同时要剔除废次品，以免废次品盒坯进入下一道工序。

（a）手工剥离落料　　　　　　　　　　（b）机器落料

图2-293　纸盒落料

6. 制盒

折叠纸盒成型后多以平板状态进行存储和运输，所以制盒这道工序的主要任务是将盒坯进行折叠后，对纸盒的粘贴翼进行黏接或钉合，而撑盒和盒盖、盒底的组装则在产品的包装过程中完成。故制盒有时亦称为搭盒。制盒使用的设备根据纸盒结构种类的不同有以下三种。

（1）不定时直线胶黏机。

该设备在三种基本胶黏处理设备中具有最高的速度和最短的准备就绪时间，所有的折叠动作都由一系列固定的型形工具完成，胶黏由连续的转轮机构施加黏合剂完成。根据制盒尺寸和结构复杂度不同，运转速度最高时每小时可完成 10 万个纸盒。这种设备一般用于粘贴成型管型折叠纸盒，具有速度快、成本低、产量高的特点。

如图 2-294 所示，首先从料斗中取出盒坯并放置于传动带上，注意印刷面在下；接下来对预折线进行预折叠，一般折叠 120° 左右；预折叠后重新使盒坯恢复平板状态；纸盒坯继续向前运动，到达施胶模块时，在对应纸盒的粘贴翼（制造接头）位置进行涂胶；施胶后沿工作线进行折叠，当折叠至 180° 时，纸盒坯另一端与粘贴翼重合，完成粘贴动作；最后将折叠并粘贴好的纸盒送到对压胶辊中加固粘贴，之后就可以下线了。

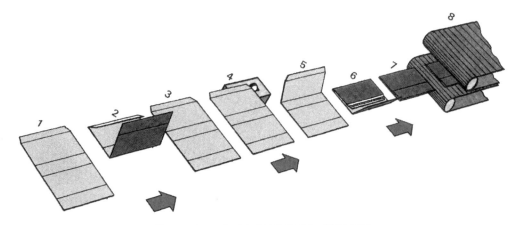

图 2-294　不定时直线胶黏机纸盒成型示意图

1— 纸盒坯（印刷面向下）；2— 预折叠；3— 盒坯恢复平板状态；

4— 施胶；5/6— 沿工作线折叠；7— 完成折叠并粘贴；8— 对压胶辊加固粘贴

（2）定时胶黏机。

不定时胶黏机与定时直线胶黏的本质区别在于折叠与胶黏过程的综合程度上。在定时胶黏机上除了常规的机械方向折叠外还有引导端和尾段面板折叠的方式，这些机器可以涂上很复杂的胶黏图样，还可以在任何方向上做复杂的内部盖与抽头的折叠，尽管其速度不如更简单的不定时直线胶黏机，但它们通常比直角胶黏机的成型速度要快。这种设备适合用于自动成型的单壁盘型折叠纸盒和结构较复杂的管型纸盒。

如图 2-295 所示，以单壁盘型纸盒的外折叠角结构为例，简单讲解这个设备的成型工艺过程。首先是纸盒坯上线，印刷面向下，这时机器进行第一步折叠动作，将纸盒两个侧板上的外折叠线向内折叠，然后涂胶设备在四个粘贴角副翼处涂胶，接下来进行第二步折叠动作，将两个端板向内折叠，与粘贴角副翼进行粘贴，粘贴后纸盒呈平板状下线。

由于在成型过程中，折叠动作、涂胶动作都需要间断进行，所以比较管型纸盒成型的设备连续动作来说，这种设备的速度稍慢，但能够成型较复杂结构的纸盒。

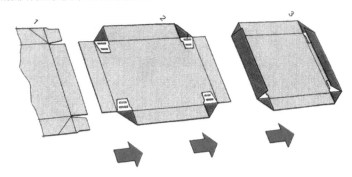

图 2-295　定时胶黏机纸盒成型示意图

1— 纸盒坯（印刷面向下）；2— 外折叠角折叠；3— 粘贴成型

（3）直角胶黏机。

直角胶黏机在中途有一次方向变化，盒坯放在链动传动器上完成一系列的折叠和粘贴工作后，部分胶黏和折叠的盒坯将停顿下来，然后向左或向右运送，完成另外一个方向的折叠与胶黏工作。

这是一种相对较慢的操作，平均速度保持在每小时一万个纸盒；对于经典的饮料瓶包装用带提手的便携式纸盒，这种胶黏方式是最好的选择。

如图 2-296 所示，以便携式饮料集合包装结构为例，讲解这个设备的成型工艺过程：从料斗中取出盒坯，印刷面向下放置在链动传动带上；折叠机构先进行纸盒纵向的折叠与粘贴，纵向折叠完成后，导向机构带动盒坯改变方向，一般是转动 90°；第二组折叠机构进行纸盒横向的折叠与粘贴；所有的折叠与粘贴工序完成后，经折叠与粘贴的纸盒进入压叠工序加固结构，最后纸盒呈平板状下线。

通过设备进步与改进设计，十年前需要使用定时直线机或直角胶黏机的纸盒类型已经可以在不定时直线胶黏机上制作，不过对一些特定的饮料提篮盒结构，直角胶黏机仍是最合适的设备。

7.附加工序

（1）开窗覆膜。

开窗功能中最基本的操作就是简单地在纸盒坯的一个或多个面上的模具切割孔上覆盖透明的薄膜片。这个窗口使产品在包装内具有可视性，并在某些情况下，也作为产品的一种保护和防盗措施。

开窗覆膜工序过程如图 2-297 所示：已经模切开窗好的纸盒坯 1 通过传送带进入涂胶辊 2 下方；涂胶辊上与纸盒开窗形状对应的涂胶模块转动到窗口处进行涂胶；开窗处已涂胶的盒坯 3 继续向前输送到覆膜辊 7 处；同时，塑料薄膜卷材 4 通过导辊输送到覆膜辊 7 与切刀辊 5 之间，切刀辊将薄膜按照窗口形状切出需要的薄膜片 6，随着覆膜辊 7 的转动，将切好的薄膜与纸盒坯开窗处进行粘贴；最后粘贴好窗口薄膜的盒坯 8 随着传送带下线。

在开窗操作中还有很多创造性空间，尤其是在薄膜展开与薄膜切断之间。薄膜卷上可以打孔、模切、开缝、折叠或盖印，也可以加上撕裂封口带。可以用纸代替无色薄膜以制成带内衬的纸盒，也可以展开多个薄膜卷以制作交叠薄膜贴片或在一个盒坯上做多个开窗，如图 2-298 所示。

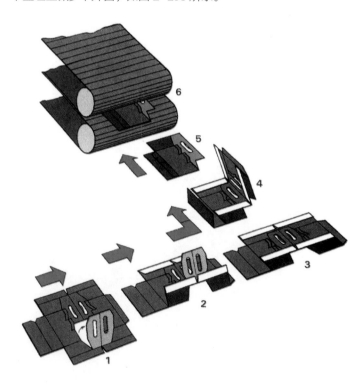

图 2-296　直角胶黏机纸盒成型示意图

1— 盒坯（印刷面朝下）；2— 纵向的折叠与粘贴；3— 纵向折叠完成，传送改变方向；

4— 横向的折叠与粘贴；5— 平板状成型；6— 压叠工序

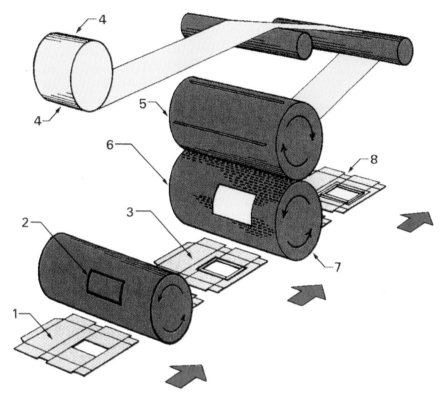

图 2-297　开窗覆膜工序示意图

1—已模切开窗的纸盒坯；2—涂胶辊；3—开窗处已涂胶的盒坯；4—塑料薄膜卷材、

5—切刀辊；6—按窗口形状切好的薄膜片；7—覆膜辊；8—粘贴好窗口薄膜的盒坯

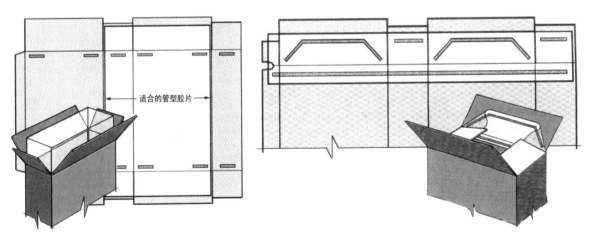

图 2-298　开窗工序的拓展

（2）纸盒内部附件粘贴。

当前的科技允许在高速度和准确对齐条件下进行纸盒内部的复杂粘贴，而且现在有许多附加功能都可以在胶黏机上完成，例如纸板与半刚性塑料纸或微细瓦楞纸进行组合（图 2-299）、刮奖区或赠送礼券区域、贴标签、编码或盖印区域、添加封口带等（图 2-300）。

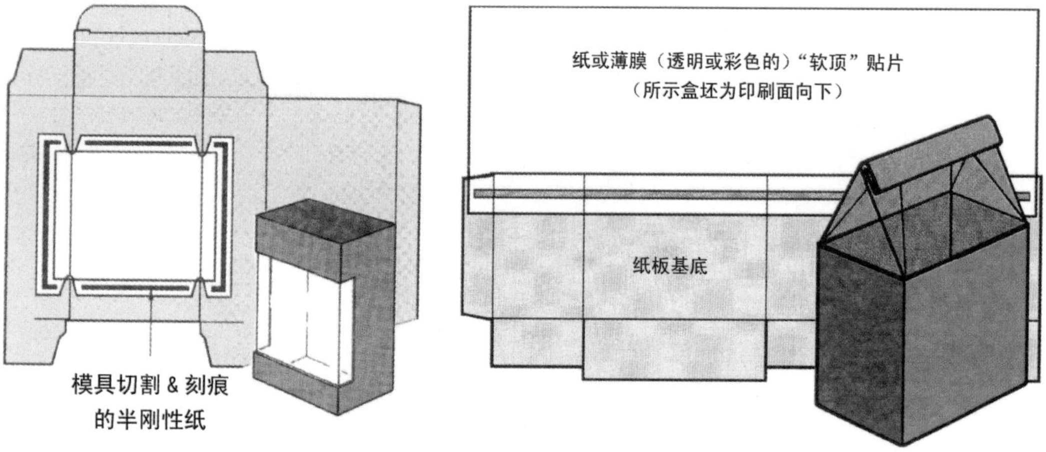

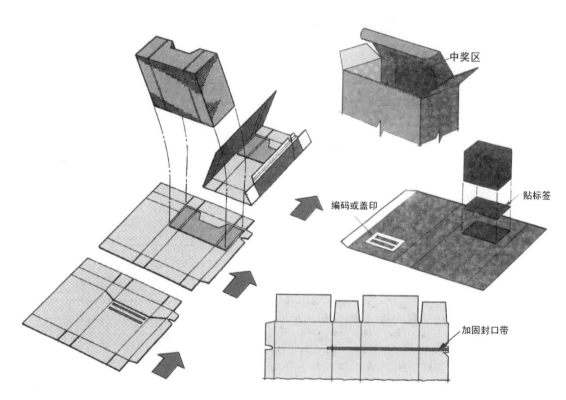

纸或薄膜（透明或彩色的）"软顶"贴片
（所示盒坯为印刷面向下）

纸板基底

模具切割＆刻痕
的半刚性纸

图 2-299　纸板与半刚性塑料片组合成型

中奖区

编码或盖印

贴标签

加固封口带

图 2-300　纸盒内部附加粘贴

第三章
粘贴固定纸盒结构设计

第一节 粘贴固定纸盒概述

粘贴固定纸盒可以简称固定纸盒或粘贴纸盒，它是一种使用贴面材料对内衬基材进行裱糊和装饰的一种纸盒包装容器，在成型后不能再拆开，也不能像折叠纸盒那样以平板状态进行运输和储存。

一、粘贴固定纸盒各部结构名称

粘贴固定纸盒的各部分组成与结构名称如图 3-1 所示，这是个典型的带摇盖的粘贴固定纸盒的结构。

这个粘贴固定纸盒由盒盖与盒底两大部分组成：盒底板 5 与盒盖板 10 的结构形状相同，均由盘型大底板加四面壁板组成，四个角落处有盒角补强 4 加固成型；盒底板 5 与盒盖板 10 成型后外面裱糊盒盖粘贴纸 1（外贴面装饰）和盒底粘贴纸 6（外贴面装饰）；为了方便盒盖与盒底扣合，在盒底内有一个内部加固框 3，并用支撑丝带 2 连接盒盖与盒底，有时两部分的连接处还会添加摇盖金属铰链 9；纸盒成型后，为方便内装产品装载定位，要根据产品的形状与数量，配置合适的内衬间壁板 7 和间壁板加固框 8。

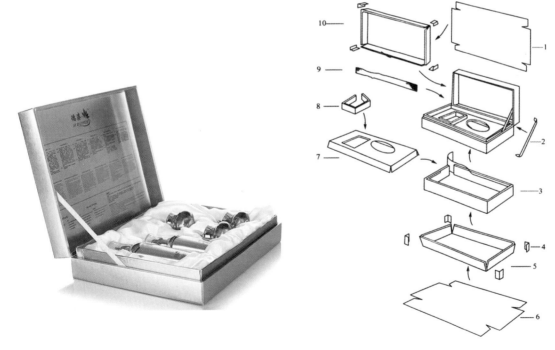

图 3-1 粘贴固定纸盒各部分结构名称

1— 盒盖粘贴纸； 2— 支撑丝带；3— 内部加固框； 4— 盒角补强；5— 盒底板；

6— 盒底粘贴纸；7— 内衬间壁板；8— 间壁板加固框 ；9— 摇盖金属铰链；10— 盒盖板

二、粘贴固定纸盒的制作类别

粘贴固定纸盒主要包括普通固定纸盒和高档装潢礼盒两种类型。

粘贴固定纸盒是我国最原始的纸制包装容器，始于明清之际，最早是使用一种称为"黄三鞭"的土制厚黄草纸作为制作原料进行手工糊制，主要用于包装茶食糕点或作为书函套盒（图3-2）。

图3-2是故宫博物院收藏的纸质升官图函套：函套用硬纸板制作，外用明黄云纹暗花绫裱饰，附鼻、扣别以束图。

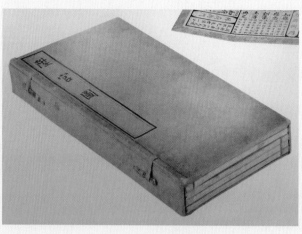

图3-2　纸质升官图函套（故宫博物院收藏）

纸制折叠式包装法，在清宫中极为盛行，诸如游戏图、棋盘、地图等，均以折叠形式进行包装，其最大特点是携带、取用方便。

古代我国苏州、扬州都是地处运河两岸的名城，是水陆交通要道，手工业商业中心。所以生产纸板的工人在南方有苏、扬二帮和杭帮，工场简陋，工具落后。一直到1917年，我国才开始用黄纸板（即马粪纸）作为固定纸盒原料。早期黄纸板和用黄纸板制作的车票如图3-3所示。

图3-3　早期黄纸板和用黄纸板制作的车票

随着工商业逐步发展，市场日益繁荣，需要包装的商品大大增多，如服装、鞋帽、针棉织品、糖果食品、日用百货等，都需要美化商品的包装容器，纸盒工业初步获得了发展，如图3-4所示。

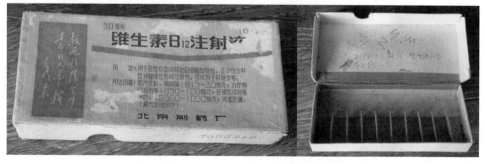

图3-4　用于注射针剂的固定纸盒包装

随后又逐步趋向使用机器开料制坯、手工糊制，形成半机械化生产方式。由于生产方式的改变，生产效率也相应提高，固定纸盒的结构形式越来越多地趋向于装饰礼品盒的应用，但普通的固定纸盒现在仍然有一定的使用价值。

使用硬纸板材料加粘贴装裱精美织物的方法制作礼品或收藏用的装潢锦盒一直是我国的传统工艺。它既是包装物，又是装饰品。古代劳动人民的技术精湛、传承历史悠久。这个古典传统装潢工艺品，沿袭至20世纪初期，一直作为纳贡馈赠御用的包装物，与劳动人民无缘。

图3-5中是清乾隆《妙法莲华经》的纸质函套。前后板与右板内折部分都挖成凸凹的如意云头形状，不仅有美化装饰作用，更可使函套合起时各部分扣合紧密。

图3-5　清乾隆《妙法莲华经》的纸质函套（故宫博物院收藏）

除清宫造办处外，全国各地如北京、天津、武汉、广州等大城市都有这门专业手艺作坊，所制的装潢锦盒大都以纸坯为胎，从业人数也极少。民国时期上海的装潢锦盒就有了纸胎、木胎、铁胎等多种类型。装饰材料别致，造型设计新颖，在古典传统的基础上，既保留了中国的民族色彩，又吸取了西洋特色，瑰丽典雅的装潢锦盒，配上了镀金、镏金的金属边框嵌条、弹簧铰链，盒内辅以丝绒软缎衬垫，相得益彰（图3-6）。

图3-6　各种装潢锦盒

随着国民经济的不断发展，人民生活水平日益提高，国际交往和对外贸易频繁，装潢锦盒在不断探索运用新材料、新技术、新工艺、新结构，不断创新、制造出更多的新型装潢盒来适应国际市场的需要。

三、粘贴固定纸盒应用的主要领域

在目前市场环境下，固定纸盒应用的主要领域包括：中低档包装用粘贴固定纸盒、高档礼品包装用粘贴固定纸盒、书籍装帧用粘贴固定纸盒、销售展示用粘贴固定纸质展架。

1. 中低档包装用粘贴固定纸盒

这种包装用粘贴固定纸盒是早期包装的常见结构，典型的例子是医用针剂安瓿的包装。通常使用黄纸板外裱白纸，内衬瓦楞纸分隔进行集合式包装（一般是10支一盒）。这种粘贴固定纸盒具有一定的防护作用，一般是手工粘贴，但是外观粗糙，档次较低。现在，由于粘贴固定纸盒的强度高、外观硬朗整齐，一些非礼品包装的电子产品、日用品等也使用固定纸盒包装（图3-7），装饰简单不杂乱，受到消费者的喜欢。

2. 高档礼品包装用粘贴固定纸盒

高档礼品包装用粘贴固定纸盒是目前礼品包装的常见形式。为了提高商品的附加价值，这类包装一般在内外装饰上较奢华，满足人们送礼所需（图3-8）。但其包装的前景并不符合绿色包装及可持续发展的设计趋势，因而始终不能占据包装设计主流地位。

图3-7　普通中低档包装用粘贴固定纸盒

图3-8　高档礼品包装用粘贴固定纸盒

3. 书籍装帧用粘贴固定纸盒

书籍装帧用粘贴固定纸盒是在原来的简易套装书盒的基础上发展而来的。书籍装帧的主要目的是保护图书以及实现书籍的文化价值，所以现在越来越多的书籍开始重视书盒的设计。这种书盒设计通常是书籍封面的扩大化设计，以增强对书的保护作用与促销作用，同时增加书籍的整体感和附加价值。

图3-9　书籍装帧用粘贴固定纸盒

4. 销售展示用粘贴固定纸盒

现代商场很多采用POP（point of purchase）广告的销售方式，这需要提供商品供消费者试用或品尝，销售展示用包装随之出现。用于销售卖场的展示台或展示架除了折叠结构外，因其需要长时间使用、经常更换地点等，需要更好的强度和牢固程度，所以这些展示台或展示架就需要用固定纸盒的结构与制造方式进行设计，如图3-10所示。

图 3-10　销售用粘贴固定纸质展架

三、思考与讨论

固定纸盒的一个突出特点就是固定，它不能像折叠纸盒那样以平板状态进行储运，由于仓储、运输占用空间大，在很大程度上提高了运输与仓储成本。这也是使用固定纸盒进行产品包装的价格普遍高于折叠纸盒的原因之一。

➡ 思考与讨论：能否将折叠纸盒的部分设计思想融入固定纸盒，使其也能以平板状储运呢？

参考设计范例如图 3-11 所示。

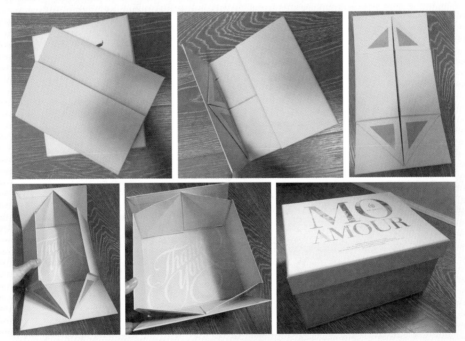

图 3-11　可折叠粘贴固定纸盒

➡ 课外练习：图 3-12 是某企业用纸板拼接的方法制作的一套可折叠的硬纸板粘贴纸盒，想用来代替以前的固定纸盒包装的鞋盒。你认为这样的设计是否合理？提出你的看法和设计思路。

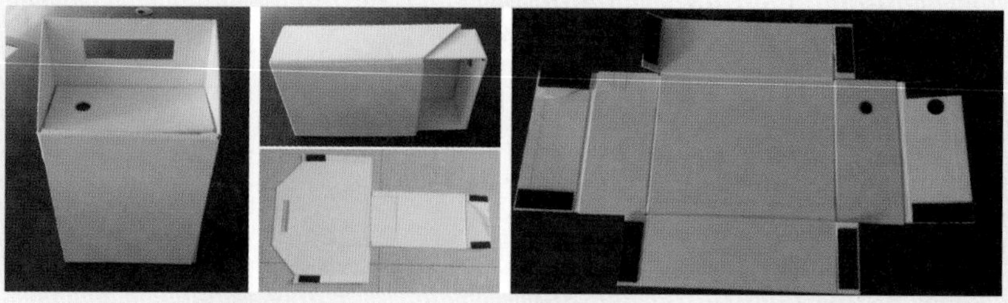

图 3-12　纸板拼接制作成可折叠的硬纸板粘贴纸盒

第二节　粘贴固定纸盒的结构分类与设计

一、固定纸盒使用的制造材料

固定纸盒由几层材料组成，其核心是基材纸板，主要选择黄纸板、灰纸板等挺度较高的刚性非耐折纸板，厚度范围在 0.41 ～ 1.57mm，常用的厚度范围是 1 ～ 1.3mm（图 3-13）。作为基材纸板使用的灰纸板具有很好的挺度、刚度，但它不耐折，只需要正反两个方向稍用力折一次就会断裂。

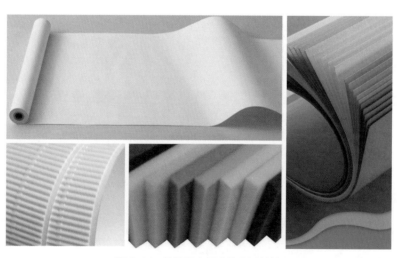

图 3-13　粘贴固定纸盒的基材纸板

在基材纸板的内（内衬）、外表面（贴面材料）进行适当的装饰。内衬一般选择定量较小的白纸或白细瓦楞纸，还可以在盒子内部铺贴塑胶、海绵等，如图 3-14 所示。

图 3-14　粘贴固定纸盒的内衬材料

贴面材料的品种较多，可以使用白板纸、镭射纸、招贴纸、蜡光纸、皱纹纸、牛皮纸、鸡皮纸、绫、锦、软缎、织锦缎、丝绒、平绒、皮革等（图 3-15）。

图 3-15 粘贴固定纸盒的贴面材料

固定纸盒除了使用纸板材料，还需要一些其他的附件，比如金属铰链、金属边框、玻璃盖板、装饰丝带等。盒角可以采用胶带进行加固，也可以用纸、布等多种方式进行黏合固定，如图 3-16 所示。

图 3-16 粘贴固定纸盒的附件

二、粘贴固定纸盒的基本结构类别

粘贴固定纸盒的基本结构有单体和组合两大类，即便是组合的粘贴固定纸盒，也是由各种单体固定纸盒结构拼合而成的。所以需要着重了解单体粘贴固定纸盒的相关结构特征。

粘贴固定纸盒的单体结构有管型和盘型两种基本制作方法。大部分粘贴固定纸盒的盒体结构都是使用盘型基本结构来成型的，管型结构大多作为框架结构使用。

1. 粘贴固定纸盒的管型框架结构

如图 3-17 所示，管型框架结构的基材纸板中间有几条"折叠线"。在制作时，由于基材纸板不耐折，不能像折叠纸盒那样在纸板上模切出压痕线，通常将这些线做半切或开 V 槽处理以方便成型。要注意：成型时，半切处理的切面应在外，而开 V 槽处理的切面应在内。将它们折成框架以后，四个角需要进行补强，可以用胶带或纸条

图 3-17 基材纸板的半切与开 V 槽

粘贴加固，然后进行外贴面装饰。粘贴固定纸盒的管型框架结构如图3-18所示。

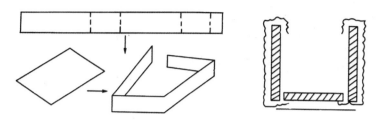

图 3-18　粘贴固定纸盒的管型框架结构

2. 粘贴固定纸盒的盘型盒坯结构

粘贴固定纸盒的盘型结构由基材和贴面组成（图3-19）。首先把基材纸板切割成十字架形，中间四条折叠线进行半切或开V槽处理，方便四个体板直立，盒角处使用胶带或纸条进行粘贴加固，再将外贴面材料进行裹包。基本上所有的盘型粘贴固定纸盒都是这样成型的。粘贴固定纸盒的盘型盒坯结构如图3-19所示。

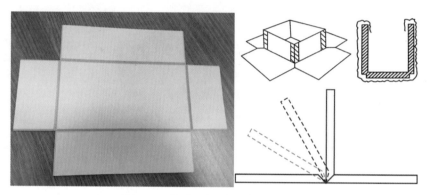

图 3-19　粘贴固定纸盒的盘型盒坯结构

三、单体的粘贴固定纸盒的基本结构

粘贴固定纸盒的盒体结构和外观有非常多的变化形式，但是万变不离其宗，它都是在传统纸盒的基本形态基础上进行变化的。过去的老盒子已经很难见到了，但可以借鉴目前在故宫博物院收藏的一些纸质包装盒来进行欣赏和学习，可以从中吸取到很多设计灵感。

1. 罩盖式粘贴固定纸盒

罩盖式粘贴固定纸盒包含盒体和盒盖两个部分，根据盖子的盖合形式，又可以将它们细分为三种基本形式：帽盖式粘贴固定纸盒、天地盖式粘贴固定纸盒和对扣式粘贴固定纸盒。

（1）帽盖式粘贴固定纸盒。

帽盖式粘贴固定纸盒是指盒盖像一顶帽子一样盖下来，只盖住了盒身的一部分的纸盒类型。帽盖式粘贴固定纸盒如图3-20所示。

图 3-20　帽盖式粘贴固定纸盒

（2）天地盖式粘贴固定纸盒。

天地盖式粘贴固定纸盒指的是盒盖完全盖到底部，盖住了整个盒身。天地盖式粘贴固定纸盒有两种形式：一种如图 3-21 所示为全罩盖式，盒盖完全罩住盒体，打开时有些不便，需要震动盒身利用其自身的重力向下滑出；另一种如图 3-22 所示为大底板式，在盒底部增加了一块大的底板，面积要稍大于盒底面积，盖子罩下去以后，刚好接触在底板上，显然这种大底板式天地盖式粘贴固定盒子比较容易开启。

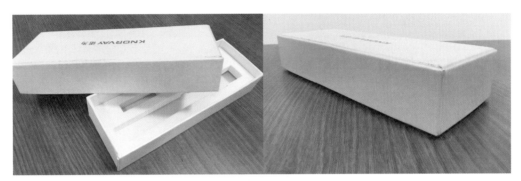

图 3-21　天地盖式粘贴固定纸盒（全罩盖式）

图 3-22　天地盖式粘贴固定纸盒（大底板式）

（3）对扣式粘贴固定纸盒。

对扣式粘贴固定纸盒由两个开放端开口面积完全相同的盘型盒构成，其中底盒内部有一个高出底盒的管型框架式固定结构，可以使盒盖顺利扣合。扣合后，两部分盒体中间可以严丝合缝（图 3-23（a）），也可以露出一部分框架结构，具有较好的装饰作用，如图 3-23（b）所示。

（a）合缝式　　　　　　　　　　　　　　　　　　（b）留缝式

图 3-23　对扣式粘贴固定纸盒

→ 设计欣赏：故宫包装纸盒1

图3-24是故宫博物院收藏的盛装清乾隆玉杯的对扣式盝顶盒。盒内框架露出较浅，盒盖对扣不留缝隙。

图3-24 清乾隆玉杯对扣式盝顶盒

2. 摇盖式粘贴固定纸盒

摇盖式粘贴固定纸盒是使用盘型固定纸盒作为底盒，管型固定结构作为盒盖，将盒底与盒盖从底部开始连接组合而成的。盒体内部用白纸托裱，还可放入海绵、丝绸等作为产品衬底，盒体外表面裱糊各类单色的纸、图案底纹纸或精美的纺织品和皮革等。摇盖式粘贴固定纸盒有两种：一是插口对盖式粘贴固定纸盒，二是单板盖式粘贴固定纸盒。

（1）插口对盖式粘贴固定纸盒。

插口对盖式粘贴固定纸盒就是图3-1的典型对摇盖对扣式固定纸盒，是固定纸盒中较精细的一种式样，底与盖后身连接在一起，形同衣箱，合拢、开启方便，成型后外观与对扣式粘贴固定纸盒相同，区别就是使用外贴面粘贴或附加铰链将盒盖与盒底连接为一体。

（2）单板盖式粘贴固定纸盒。

常见的摇盖式粘贴固定纸盒是单板盖式，其基本结构是首先有一个盘型底盒，然后粘贴附加一个由若干节纸板组成的单板摇盖。从这种结构发展出了多种变化形式，如图3-25所示。

图3-25（a）是最简单的三片板盖板，不能封合，使用时需要配合其他固定构件；图3-25（b）中的两个纸盒是典型的四片板单板盖纸盒，不同的是前者将盒体的后侧板黏合了，而后者只黏合了底板；图3-25（c）中的两个例子是五片板结构，都是将某一块体板分割成了两部分，其中前者分割的是盖板的前侧面，而后者则将盖板顶部分成两部分以增强装饰性。

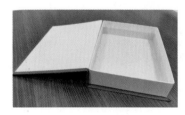
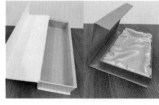

(a)三片板盖板　　　　　　　　(b)四片板盖板　　　　　　　　(c)五片板盖板

图3-25 单板摇盖式粘贴固定纸盒

➡ 设计欣赏：故宫包装纸盒 2

　　现在的固定纸盒成型后，纸盒内部一般用白纸托裱，或放入海绵、丝绸等作为产品衬底，产品数量较多时也只是在衬底上多挖几个"洞"，再覆盖装饰绢绸衬托产品。而图 3-26 所示的由故宫博物院收藏的多格梳妆盒却给我们展示了另一种多数量产品组合包装的设计思路。这个摇盖式固定纸盒内部使用了分格结构，产品放入后，种类清楚、一目了然，很有设计参考价值。

图 3-26　多格梳妆盒

3. 抽屉式粘贴固定纸盒

　　它的基本式样类似于老式的火柴盒，由盘型盒身与外面的管型边框组成，一般用于包装长型商品。有时外面的盒套也做成较深的盒体，如图 3-27 所示。

4. 抽盖式粘贴固定纸盒

　　抽盖式粘贴固定纸盒是仿照古典装潢木盒结构制作而成的（图 3-28（a）），它使用的纸板是在 2mm 左右的、非常厚重的刚性纸板。纸盒的三面体板在内部开槽，可以插入一个装饰盖板，通常用于高档礼品包装（图 3-27（b））。目前市场上这种结构仍然以木盒为主，纸盒的抽盖结构较为少见。

图 3-27　抽屉式粘贴固定纸盒

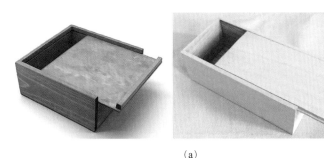
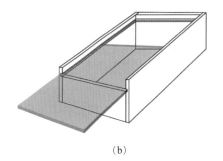

（a）　　　　　　　　　　　　　　　　　　　　　　（b）

图 3-28　抽盖式粘贴固定纸盒

以上四种结构是单体固定纸盒的基本结构形式，在这些基础上还可以做一些拓展设计。

5. 异型粘贴固定纸盒

对于罩盖式的固定纸盒，可以把它们设计成圆形或其他异型粘贴固定纸盒。其中圆形粘贴固定纸盒品种较多，大小不一，式样各异，大的有奶油蛋糕和糖果盒，基本上都是用天地盖或对扣的形式，底部一般都有大底板（图3-29）。

图 3-29　罩盖式圆形粘贴固定纸盒

粘贴固定纸盒在圆盒结构上有天然优势，折叠纸盒很难做成圆形的，而在粘贴固定纸盒中却可以实现。

除了圆形以外，异型粘贴固定纸盒也可以做得非常精细，形状有六角、八角等多边形，心形，椭圆形，扇形，菱形等（图3-30）。

图 3-30　异型粘贴固定纸盒

➡ 设计欣赏：故宫包装纸盒 3

在故宫的收藏品中，有一件弓形天地盖大底板罩盖式的粘贴固定纸盒结构（图3-31），用于包装一套点翠头面。这件头面首饰使用丝线固定在纸盒底部，非常精致。这种包装方法在中国现代女性使用的发卡、子母扣等商品的包装方式中仍得以沿用。

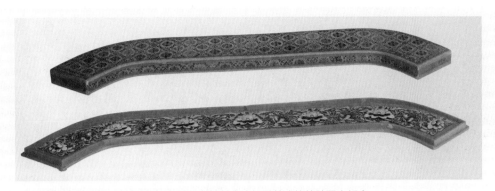

图 3-31　弓形天地盖大底板罩盖式的粘贴固定纸盒

6. 书盒

书盒也称为函套，是仿古书装帧的一种包装形式，属于管型固定纸盒结构。书盒使用厚纸板平铺连成一页成型，外面裱糊织锦缎或者蓝布，在左上角贴标签，摇盖合拢处用牙骨签做插销。内衬托子按包装物的形状铺絮制作软胎，软缎绉花，或以纸制硬胎，丝绒软嵌，如图 3-32 所示。

图 3-32　书盒

➡ 设计欣赏：故宫包装纸盒 4

故宫收藏的经卷函套有一种是织锦万寿云头的硬纸板折合式书盒结构，如图 3-33 所示，与图 3-5 中的如意云头形态的经书函套一样，都是函套书盒设计到极致的例子。

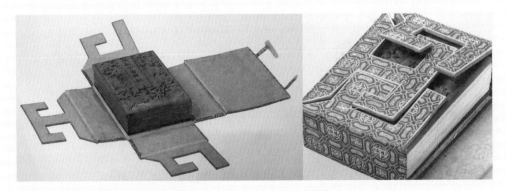

图 3-33　织锦万寿云头经卷函套

四、组合结构的粘贴固定纸盒

了解了单体固定纸盒结构之后，对于组合固定纸盒结构，需要将若干种单体固定纸盒结构组合在一起（图3-34），使它们能够发挥更多的容装、保护、装饰和宣传的作用。

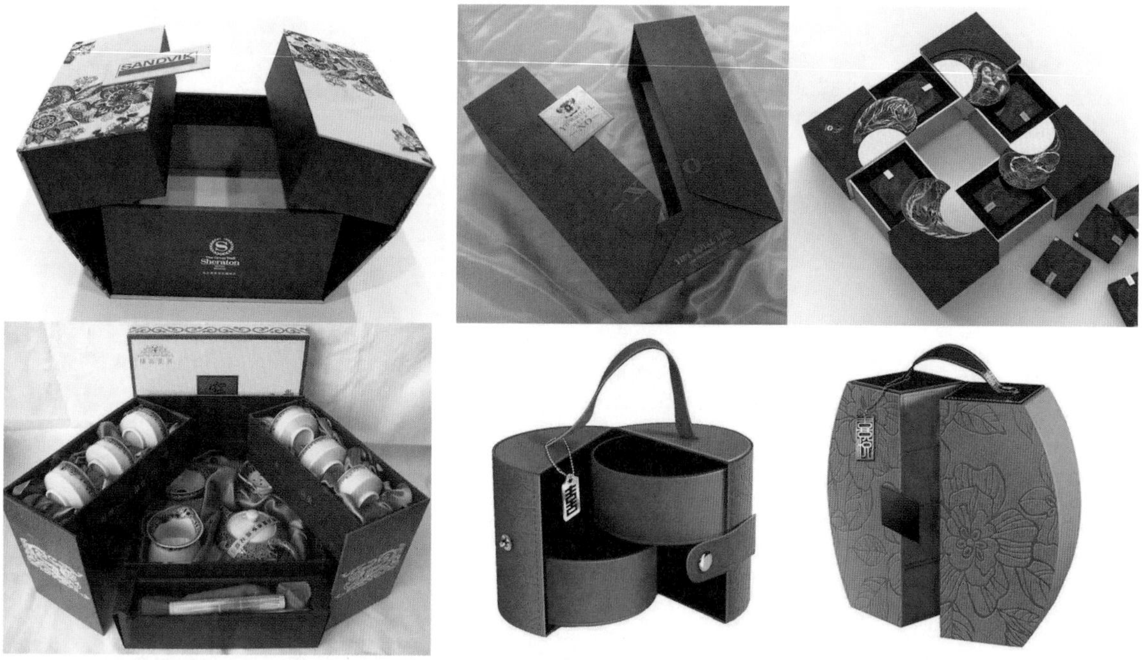

图 3-34　组合结构的粘贴固定纸盒

第四章
瓦楞纸板包装容器结构设计

瓦楞纸箱加工性能好，使用方便，成本低廉，便于回收，性能优越，是一种十分重要的纸包装容器，是包装行业革命性的成果。在包装行业，瓦楞纸箱的用量近些年始终排名第一，是产品物流包装的首选包装形式。目前，多样化的商品，多样化的物流方式，需要多样化瓦楞箱型满足多样化的需求。

前面的课程对纸盒结构设计做了较为详细的学习与讨论，在学习纸箱结构之前，请根据学过的内容回答问题。

➡ 问题1：通常情况下，我们认为什么是纸盒，什么是纸箱？

➡ 问题2：能不能直接把之前学过的各种纸盒结构形式直接扩大尺寸作为纸箱使用？

➡ 问题3：在包装材料学的课程中学习了瓦楞纸板材料的性能，哪些类别适合制造纸箱？

第一节 瓦楞纸箱（盒）的种类与国际箱型标准

一、瓦楞纸箱的国际箱型标准

掌握瓦楞纸包装国际箱型标准是进行瓦楞包装设计的基础。

目前，国际上通用的瓦楞纸箱型结构，由欧洲瓦楞纸箱制造商联合会和瑞士纸板协会联合制定。我国所使用的瓦楞纸箱箱型标准GB/T 6544—2008，是在国际纸箱箱型标准的基础上制定的。因此，这里重点学习国际纸箱箱型标准。

国际纸箱箱型标准分基本型和组合型。基本型用4到8位阿拉伯数字表示，第一位和第二位代表箱型种类，第三位和第四位代表箱型序号，如图4-1所示。

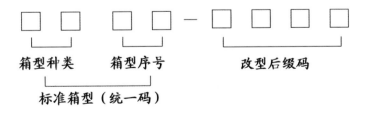

图4-1 国际纸箱箱型标准基本型代号表示

1.基本箱型

目前的基本型箱型种类共有八种，其中：01是成卷的和裁切成片的瓦楞纸板，主要是商业用纸卷和纸板，如图4-2所示的0100型和0110型；09是内附件，包括衬垫、隔板和衬板，不论作为单件还是组合成箱皆在此列；02型是开槽型纸箱，03型是套合型纸箱，04型是折叠型纸箱和托盘，05型是滑盖型纸箱，06型是固定型纸箱，07型是自动型纸箱。

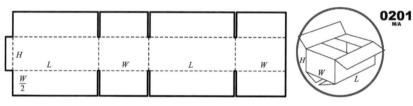

(a) 0100 型　　　　　　　　　　　　　(b) 0110 型

图 4-2　01 型商业用纸卷和纸板

（1）02 型纸箱。

02 型纸箱又称开槽型纸箱，由一张纸板连体成型，连体的上下摇盖可以封闭，接合方式可以是钉合，或用黏合剂和胶带黏合；运输时呈平板状，使用时必须封合上下摇盖。02 型纸箱适用于中小型产品包装，材料的使用效率比较高，运输及使用方便，承载能力比较强，是目前应用较广泛的箱型。

图 4-3 为 0201 型纸箱，摇盖的宽度是箱体宽度的 1/2，在封箱的时候可以对齐封合，这是目前绝大多数运输类包装纸箱的通用结构。

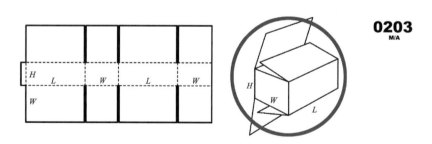

图 4-3　0201 型纸箱结构

与 0201 型纸箱结构相似的，常用的还有 0203 型纸箱（图 4-4）和 0204 型纸箱（图 4-5）。0203 型纸箱每个摇盖的宽度都等于箱体宽度，成型后箱体上下表面具有较好的缓冲性。0204 型纸箱的内外摇盖分别等于 1/2 箱长与 1/2 箱宽，具有较好的防尘性。但显然这两种型号的纸箱比 0201 型箱耗费的材料要多些。

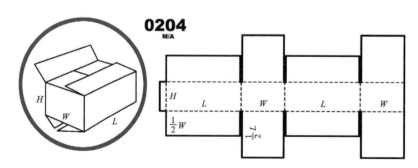

图 4-4　0203 型纸箱结构

图 4-5　0204 型纸箱结构

此外，02 型纸箱的一些箱型结构是在学习管型折叠纸盒结构中学习过的典型设计结构，例如 0210、0211、0215、0217 等（图 4-6）。

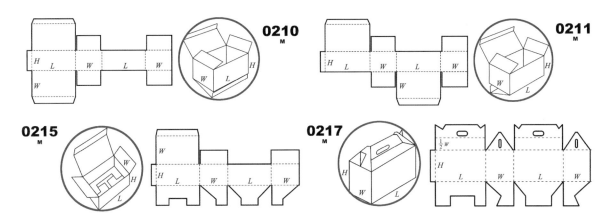

图 4-6　02 型纸箱其他常见结构

（2）03 型纸箱。

03 型纸箱是罩盖型纸箱，是箱盖与箱体分开的套盒型纸箱，俗称天地盖。03 型纸箱主要用于大中型电器类产品的包装，如冰箱、洗衣机等。部分小型产品的包装盒，像鞋盒、饰品盒也可以用 03 型。图 4-7 所示为 0300 型纸箱，其中上下盖可以完全套合，提高了承载能力。

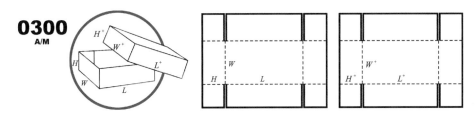

图 4-7　0300 型纸箱结构

再如 0306 型纸箱，箱盖与箱体未完全套合，主要依靠箱体承载内容物，如图 4-8 所示。

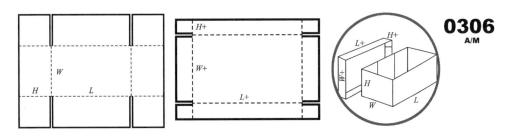

图 4-8　0306 型纸箱结构

这些基本上与折叠纸盒结构设计中的盘型结构相同，其他的较熟悉的盘型结构还有 0301、0303、0322 等箱型（图 4-9）。

（3）04 型纸箱。

折叠型纸箱或浅托盘，由一张纸板折叠成型，不需要钉合或者黏合，在有些设计中可以把锁口、提手或展示牌组合在一起。04 型纸箱主要用来包装中小型产品和作为附件使用，在瓦楞纸盒结构中应用较多。

图 4-10 所示为 0403 型纸箱，两个侧面结构折叠形成支撑结构，提高了承载能力，有利于保护产品。

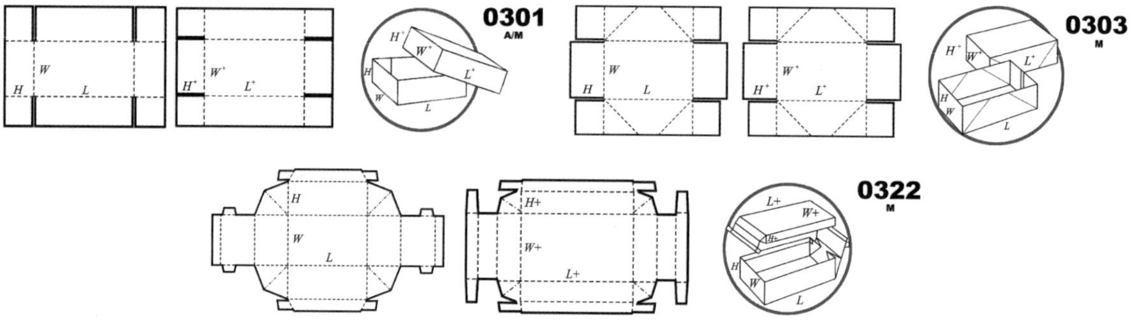

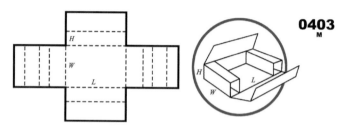

图 4-9　03 型纸箱其他常见结构

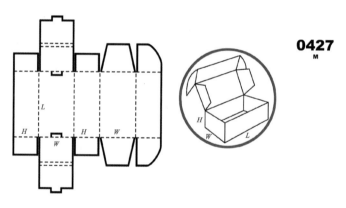

图 4-10　0403 型纸箱结构

图 4-11 所示为 0427 型纸箱,是目前市场中盘型瓦楞纸盒里应用较广泛的箱型,结构紧凑,免胶成型,锁合牢固,俗称"飞机盒"。

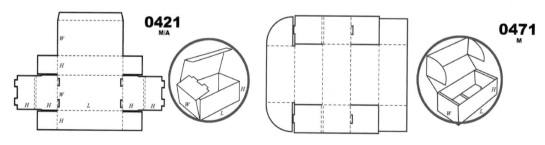

图 4-11　0427 型纸箱结构

与该结构类似的还有 0421、0471 箱型（图 4-12）。

图 4-12　0421、0471 型纸箱结构

（4）05 型纸箱。

05 型纸箱又称滑盖型纸箱,由数个内装箱和框架与外箱组成,内箱与外箱以相对方向套入,一般用于中小产

品包装。图 4-13 所示为 0501 型和 0502 型上下套合得到了 0504 型纸箱。同样地，0503 型和 0907 型水平套合，得到了 0509 型纸箱，如图 4-14 所示。

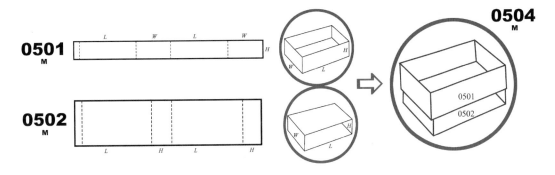

图 4-13　0504 型纸箱结构

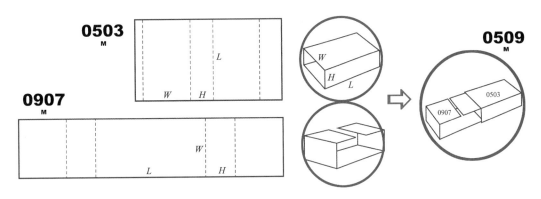

图 4-14　0509 型纸箱结构

（5）06 型纸箱。

06 型纸箱又称固定型纸箱，由两个分离的端板或者侧板与箱体组成，使用前需要进行钉合等操作，一般应用于大体积的物品，如家具。06 型纸箱的出现是为了解决当前瓦楞纸板生产规格受限的问题，因为在生产瓦楞纸板的时候，由于生产装备的限制，纸板的宽度不可能太大，难以通过一张纸板形成大规格的纸箱，家具类产品的体积又比较大，需要利用多板拼接成型方法。

如图 4-15 所示为 0601 型纸箱，它是通过两个端板和箱体进行组合的。

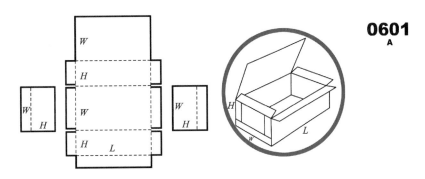

图 4-15　0601 型纸箱结构

（6）07 型纸箱。

07 型纸箱又称预黏自动型纸箱，由单页纸板折叠或黏合成型，运输时可折叠成平板状，使用时直接打开。07

型纸箱主要用于生产效率较高的中小型产品，如食品箱。以图4-16中的0711型为例，底部结构预粘贴成型，运输时成折叠状，使用时直接打开，顶部摇盖封合，使用方便快捷。

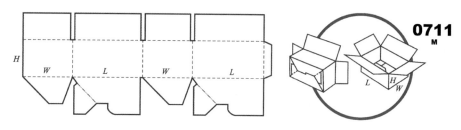

图4-16　0711型纸箱结构

这个箱型的箱底结构就是学习管型折叠纸盒时强调的自动锁底结构，属于预黏合成型的结构，类似结构的箱型还有0712型和0713型（图4-17）。

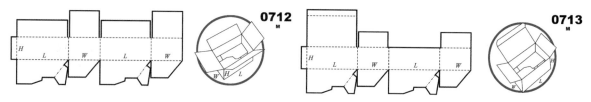

图4-17　0712型与0713型纸箱结构

图4-18所示为0772型纸箱，一板成型，既可以作为运输包装，也可以作为展示包装，同时顶部还有方便堆码结构，使用方便，可以用于食品或者水果类产品的包装。

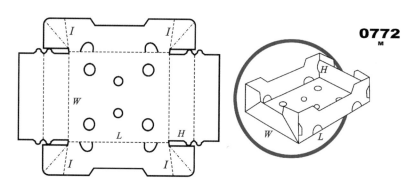

图4-18　0772型纸箱结构

2. 组合箱型

组合型纸箱是由两种或两种以上的基本箱型组合演变而成的箱型。以图4-19为例：图4-19（a）是0204型纸箱，图4-19（b）是0215型纸箱，利用0204型纸箱的上摇盖和0215型纸箱的下摇盖进行组合，可以得到图4-19（c）中的组合型纸箱，表示为0204-0215型。

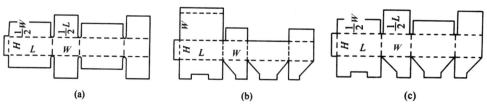

(a)　　　　　　　　　　(b)　　　　　　　　　　(c)

图4-19　组合型纸箱结构

3. 标准箱型应用案例

某公司按客户要求为其产品做运输包装设计方案，产品如图4-20所示。客户具体要求如下：

（1）箱体重量约90kg，产品发往国内；

（2）包装形式：每套包装为木托盘＋纸箱＋内部缓冲。由于产品较重，在产品装配前先放在木托盘上，产品测试完成后，装上纸箱盖板；

（3）包材丝印：常规内容，包括向上、防雨、堆叠层数。

（4）包装箱外尺寸按普通的集装箱考虑。尽量减少空间浪费。

图4-20 客户提供被包装产品

根据客户要求，在包装结构的设计与选择中，使用0310型国际标准箱型（图4-21），由上下天地盖板加中间围套结构组成；箱内添加EPE缓冲衬垫。具体设计方案如图4-22所示，最后完成的包装单元外尺寸为700mm×630mm×488mm。

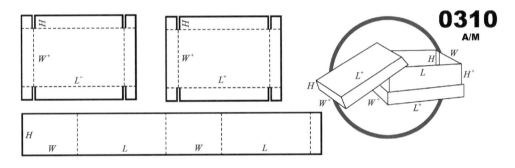

图4-21 0310型纸箱结构

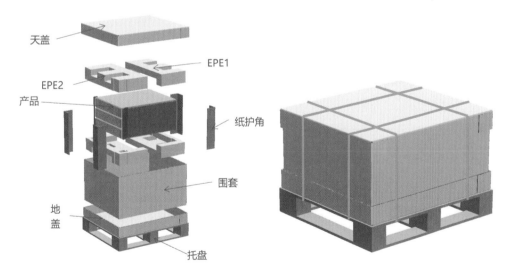

图4-22 运输集装单元包装结构设计方案

二、0201型瓦楞纸箱的基本箱坯结构

1. 箱坯结构

任何箱型结构，都需要通过加工成箱坯再成型。下面以0201型纸箱箱坯结构（图4-23）为例来认识基本箱坯结构组成。

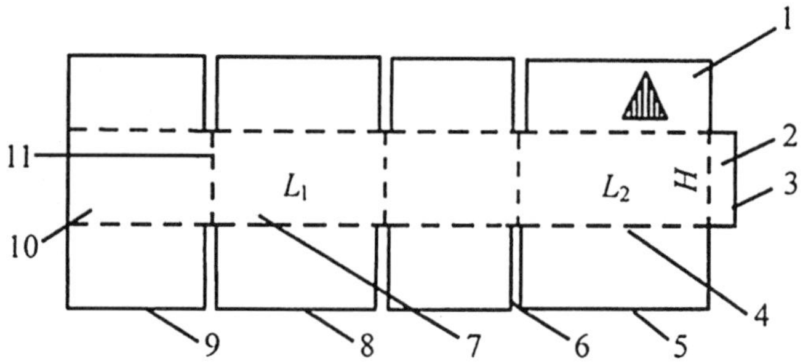

图 4-23　0201 型纸箱箱坯结构

1— 瓦楞方向；2— 制造接头；3— 横切线；4— 横压线；5— 纵切线；
6— 开槽；7— 侧板；8— 外摇盖；9— 内摇盖；10— 端板；11— 纵压线

（1）切断线。

切断线包括纵切线和横切线：纵切线是与机械方向平行的切断线；横切线是与机械方向垂直的切断线。机械方向指的是瓦楞纸板生产线运行的方向。如图 4-24 所示，红色箭头为机械方向，蓝色箭头为瓦楞方向。

图 4-24　机械方向与瓦楞方向

（2）压痕线。

压痕线包括纵压线和横压线：横压线是与瓦楞楞向垂直的压痕线；纵压线是与瓦楞楞向平行的压痕线。

（3）制造接头。

制造接头用于将纸箱端板和侧板形成四面围框结构，接合方式有三种形式：①胶带黏合（TJ）；②黏合剂黏合（GJ）；③金属钉结合（SJ）。

（4）纸箱面板。

纸箱面板包括端面板和侧面板：端面指瓦楞纸箱的 WH 面；侧面指瓦楞纸箱的 LH 面；在箱坯状态下，端面和侧面称为端板和侧板。

（5）开槽。

开槽指在瓦楞纸板上切出便于摇盖折叠的缺口，其宽度一般为纸板计算厚度再加 1mm（也可考虑为纸板计算厚度的 2 倍）。

（6）摇盖。

02 类纸箱一般都带有摇盖，摇盖包括内摇盖与外摇盖：内摇盖是与端板连接的摇盖；外摇盖是与侧板连接的摇盖。

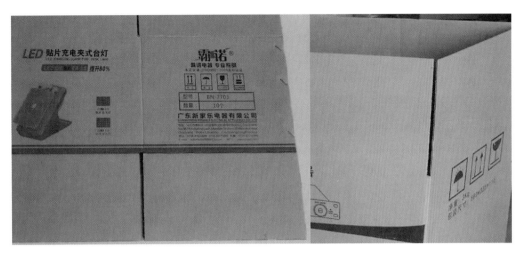

图 4-25　纸箱开槽

（7）瓦楞纸箱的楞向。

瓦楞纸箱的楞向选择与纸箱的垂直承压能力密切相关。瓦楞方向与承载方向一致的箱型具有比较好的承载能力，用三角形带楞线的符号表示，图 4-26 中列出了常用纸箱的楞向分布。

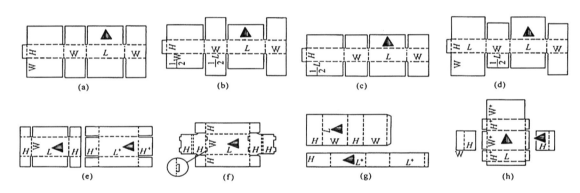

图 4-26　常用纸箱的楞向分布

（a）0203；（b）0204；（c）0205；（d）0206；（e）0301；（f）0422；（g）0510；（h）0601

2.封箱方式

国际纸箱箱型标准规定了 4 种封箱方式：黏合剂封箱、胶带封箱、联锁封箱、U 形钉封箱。正确有效的封箱包装和纸箱本身的结构一样重要。

其中黏合剂封箱的形式与管型折叠纸盒粘贴翼的成型方式相同，胶带封箱形式如图 4-27 所示。

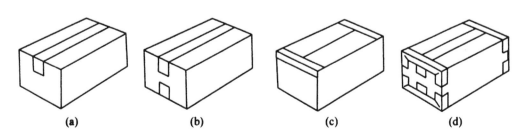

图 4-27　胶带封箱的主要形式

联锁封箱是一种临时的封闭形式，一般不作为正规的运输状态的封箱形式，如图 4-28 所示。

U 形钉封箱包括制造接头和纸箱摇盖的封合，类似订书钉的封合形式，如图 4-29 所示。

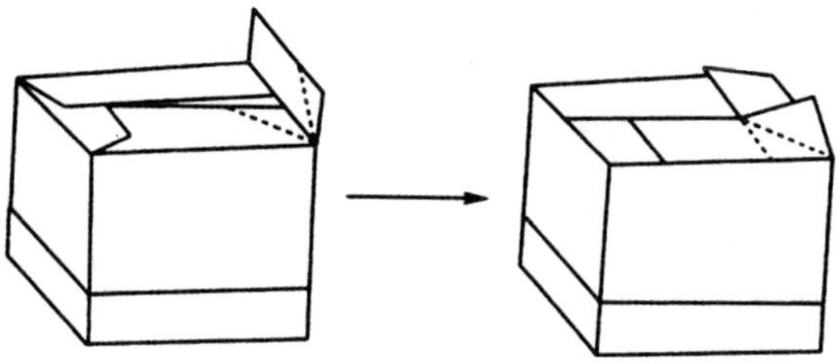

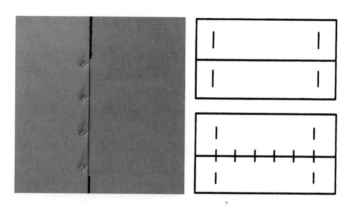

图 4-28　连锁封箱的形式

图 4-29　U 形钉封箱的主要形式

第二节　瓦楞纸箱的结构设计

一、瓦楞纸箱的最佳尺寸比例设计

1. 瓦楞纸箱设计原则及依据

瓦楞纸箱设计是一个系统性的问题，需要综合考虑产品特性、流通因素、材料要素以及使用的方便性。设计原则如下。

（1）是否能符合保护商品性能？物理性能测试依据。

（2）是否符合产品厂包装车间要求？装箱使用方便。

（3）是否能满足销售者要求？便于搬运、堆高、货架陈列。

（4）是否能达到商品衬垫上、标志上的特殊要求？

（5）是否能达到原材料利用率最经济的范围？排列套装结构合理。

（6）是否能适应机械化包装的要求？

（7）是否符合销往国的有关包装标准及规定包括度量衡、英制或公制，计量单位，标志规定、墨色规定或中性包装等特殊要求。

设计依据主要如下。

（1）内装产品的质量、性质。

（2）仓库或集装货柜堆码限高。

（3）仓储流通条件。

（4）储存时间及搬运手段。

（5）箱面印刷图案、文字资料。

（6）内装产品尺寸，内装产品可以是单独的较大体积的物品，也可以是若干数量的装载小型产品的销售用纸盒，需要考虑内装物整体的形状、数量等因素。

2. 箱型尺寸设计分析

产品的尺寸和质量对包装容器的尺寸设计有较强的制约作用。对于大而重的产品，单个纸箱包装的产品数量一般比较少；对小而轻的产品，单个纸箱可以包装多个产品。

（1）内装物排列。

在进行瓦楞纸箱尺寸设计时，必须对内装物排列方式、排列方向进行全面考虑。内装物在瓦楞纸箱内的排列数量用下式表示：

$$n = n_L \times n_W \times n_H \tag{4-1}$$

其中，n——总的装箱数量；

n_L——纸箱长度方向上放置的数量；

n_W——纸箱宽度方向上放置的数量；

n_H——纸箱高度方向上放置的层数。

对于内装物来说，按其本身的长度（l）、宽度（w）与高度（h）和瓦楞纸箱的长度（L）、宽度（W）与高度（H）的相对方向，同一排列数目可以有多种排列方向，每一种排列方式对应的纸箱的长、宽、高尺寸都是不同的。所以，选取合适的内装物排列方式对纸箱长宽高尺寸的设计有很大的影响。为了设计出最佳尺寸比例的纸箱，必须寻找比例合理的尺寸关系。

（2）尺寸比例合理。

一般常用的瓦楞纸箱多为长方体，其尺寸有三个，即外形长（L）、宽（W 或 B）、高（H），瓦楞纸箱的尺寸及其比例体现出包装的稳定性、方便性，也体现出包装对储运工具（如托盘、货架、集装箱、车辆、船只）的适应性，尺寸比例的合理程度还体现出制造的经济性、承载能力等。

合理的尺寸比例是满足主要条件下的尺寸比例，一般表达尺寸比例的方式是长∶宽∶高＝L∶W∶H，这个尺寸比例应该是一个理想的比例。

（3）理想尺寸比例与最佳尺寸比例。

理想尺寸比例是各方面条件都处于理想状态，使各方面性能得到合理解决与综合体现。但一般情况下纸箱尺寸无法达到理想尺寸，这时应该寻求合理的设计方法，使尺寸尽可能接近理想状态，我们把最接近理想尺寸比例的设计结果称为"最佳尺寸比例"。

最佳尺寸比例是在综合考虑了各方面因素之后而得到的。例如纸箱的堆码强度和稳定性都处于理想状态，从美学角度看接近直角比例和黄金分割比，纸板用量较少等。

3. 最佳的尺寸比例的选择

最佳的尺寸比例由纸板用量、抗压强度、堆码强度与堆码状态、人因因素与纸箱加工成型因素决定。

（1）纸板用量。

包装的经济性是客户和生产厂家高度关注的问题。包装容量相同的情况下，纸板用量越少越好。通过数学计算表明，对于 0201 型纸箱，最省材料的长、宽、高尺寸比例为 2∶1∶2；0203 型纸箱的理想尺寸比例是 2∶1∶4；0204 箱型的理想尺寸比例是 1∶1∶2。

基本的计算方法是：①写出能确定包装容器内部容积 V 的方程，且此容积方程应包含表示容器体积的所有变量参数；②写出用于制造容器材料的总面积 A 的表达式，此表达式也应包含上述表示容器的所有结构参数；③进行变量代换，将第①步骤中容积表达式的自变量写成因变量，作为容器体积 V 和其他自变量的函数；④把第③步骤的函数表达式代入第②步中包装容器材料的总面积 A 的表达式中；⑤根据第④步中得到函数 A 的表达式，使函数 A 相对于表达式右边的各自变量求一次微商后让其等于零，得到一个方程组；⑥把第①步中 V 的表达式代入第⑤步中得到的方程组中，解方程，即可得到容器材料 A 的极值。通过数学分析或根据实际情况判断，就可得出 A 的极小值，作为容器结构优化设计时的参考数据。

0201 型纸箱最佳纸板用量尺寸比例计算过程

（2）抗压强度。

为了提高仓储效率，包装件往往要多层堆码。因此纸箱需要具备足够的抗压强度。实验表明，箱体拐角部位的承载能力优于中间部位（图 4-30（a））；摇盖的封合可以增强纸箱的抗压能力，不过摇盖封合和拐角部位对于增加强度的作用是有限的。纸箱在承压过度的情况下，箱板表面会出现向外"鼓包"或向内"塌陷"的状态（图 4-30（b）），说明纸箱体板纵向已经被压溃。

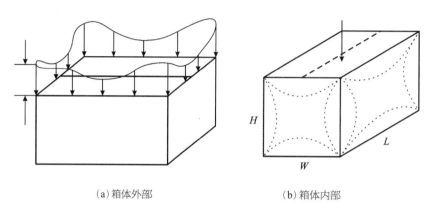

（a）箱体外部 　　　　　　　　　　　（b）箱体内部

图 4-30　箱体承载能力示意图

对于 0201 型纸箱而言，从图 4-31 的曲线数据中可以看到，抗压强度最优的长宽比在 1.4 ：1 左右。

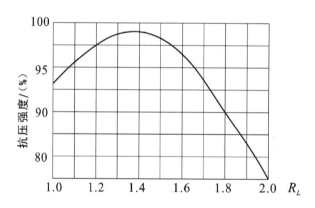

图 4-31　长宽比 R_L 对抗压强度的影响

（3）堆码强度与堆码状态。

大宗货物在物流条件下的包装件，往往要集合在一起形成集装单元。集装单元的堆码方式是由集装器具的尺寸与包装件外尺寸共同决定的，目前比较典型的堆码方式有对齐堆码和交错堆码。对齐堆码条件下，纸箱承载能力比较好，堆码稳定性较差，为保证堆码的稳定性，一般纸箱的长宽比不能太小。交错堆码时，纸箱抗压强度有损失，堆码稳定性比较好。从上下层纸箱受力情况来看，对齐堆码的方法受力状态最佳，强度最大，但由于其稳定性较差，所以大多数情况下会采用交错堆码，如图 4-32 所示。而交错堆码时，在 R_L 为 2 时，在上下层纸箱之间，强度大的刚性棱角位于另一箱面强度较小的中心位置，下层纸箱会在较小的载荷下发生指向破坏（图 4-33（a））。如果交错堆码时上层纸箱强度最大的箱角处并没有位于下层纸箱强度最低的箱面中心处，而是偏离一定的距离时，它的堆码载荷及稳定性均较好，因此从最佳堆码状态考虑采用 R_L 为 1.5 的尺寸比例较为理想（图 4-33（b））。

一般而言，在纸箱容量、重量、有效堆码高度一定的情况下，H 越高，纸箱的堆码层数就越少，降低了堆码最下层纸箱的负荷。但在纸箱堆码强度一定的情况下，要想使堆码层达到最下层纸箱的堆码强度，H 越高，实际堆码高度也就越高，从而使其堆码稳定性降低。所以，R_H 不宜太大，以免降低堆码的稳定性。

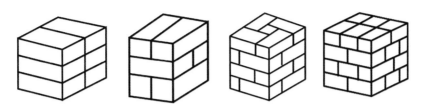

图 4-32 对齐堆码与交错堆码

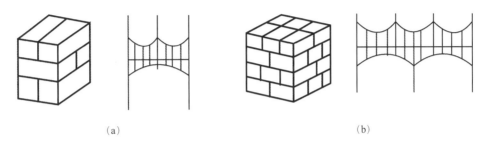

（a）   （b）

图 4-33 交错堆码时 R_l 对堆码状态的影响

（4）人因因素。

任何产品都是为人服务的，从尺寸比例的美学角度上看，最佳的比例值取决于人们的审美心理和视觉效果。在瓦楞纸箱中，主要用于表达和传递信息的是 LH 面（高与长两边组成面）。从美学角度来确定 $L：H$ 或 R_L/R_H 的比值，包装的比例采取黄金分割时比较理想（图 4-34）。采取人工搬运方式，内装物总重量小于 20kg，长度小于 70cm，宽度小于 40cm 时，不容易疲劳。

➡ 结论：综合以上各种要素，以 0201 型瓦楞纸箱为例，各数值如下。

纸板用量的最佳比例：$L：W：H=2：1：2$。

抗压强度：R_L（长宽比）在 1.4 ～ 1.5 时最大。

堆码强度：采用 R_L 为 1.5 的尺寸比例最为理想。

最佳堆码状态（稳定性）：R_H（高宽比）高度不大于宽度时较稳定，可选择 1：1。

美学角度：R_L 接近黄金比 1.618：1 时较理想。

所以，0201 型箱的最佳尺寸比例应为 1.5：1：1。

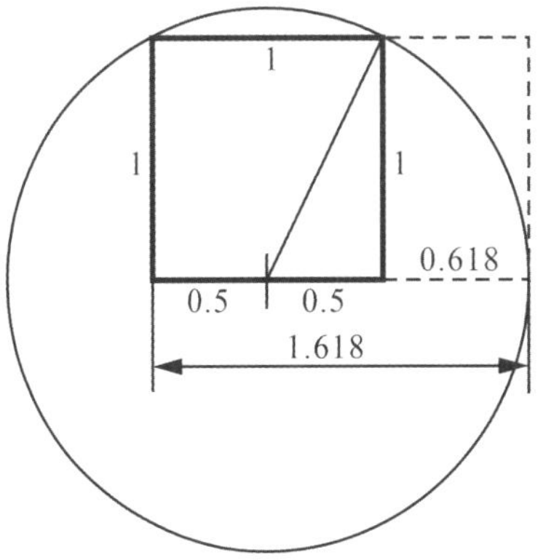

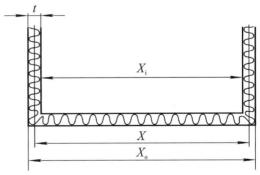

图 4-34 黄金比例几何作图

计算举例 1

二、0201 型瓦楞纸箱的尺寸设计与计算

瓦楞纸箱尺寸设计与平张纸板包装纸盒一样，也包括内尺寸、外尺寸和制造尺寸。三者的关系如图 4-35 所示。

其中，t——纸板厚度；

X_i——内尺寸；

X——制造尺寸；

X_o——外尺寸。

在内尺寸的基础上进行修正得到制造尺寸；在制造尺寸的基础上进行修正得到外尺寸。下面分别介绍瓦楞纸箱内尺寸、制造尺寸、外尺寸计算方法。

1. 内尺寸计算

（1）影响内尺寸的因素。

①产品的最大外形尺寸和产品集装数。

图 4-35 瓦楞纸箱内外尺寸关系

以瓦楞纸箱包装的产品来看，主要有无内包装的大件器械和散装的个体件，以及有内包装的中小型产品。这些包装产品的最大外径及集装数量是确定纸箱的内尺寸的主要条件。大尺寸的产品可单件包装，而中小尺寸的产品需要适当排列以确定集装数量或重量，以选取瓦楞纸板规格型号，从而确定尺寸。

②包装物品特性。

被包装物品的特性对于确定瓦楞纸箱内尺寸很重要，如包装水果时，其箱高应小些。包装易碎产品时应设置隔衬或缓冲件，这些隔衬或缓冲件会占据一定的空间。所以包装不同内装物，应考虑内装物公差，即内装物公差系数。如图 4-36 所示，图 4-36（a）是箱内小包装的空包装状态，l、w、h 分别是纸盒的外尺寸；图 4-36（b）是纸盒内装载了产品后的实包装状态，纸盒会有一些变形，应在原尺寸上增加一个放量，即公差；图 4-36（c）是增加了公差之后的小包装尺寸。一般来说，内装物公差系数取值有这样一些规律：包装软松针棉织品，间隙可取 ±3mm／件；中型纸盒内包装物，间隙可取 ±1～2mm／个；硬质刚性内包装物，间隙取 1～2mm／个。

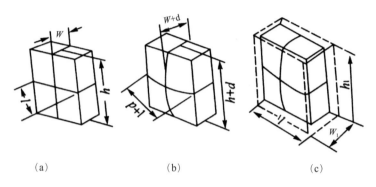

图 4-36　瓦楞纸箱内装物公差系数取值

③考虑设备限制。

瓦楞纸箱所用瓦楞纸板受到瓦楞纸板生产设备与印刷设备限制。例如，用 1400mm 宽幅的瓦楞纸板生产线生产的瓦楞纸板，实际上该纸板宽幅的利用率只有 1360mm，那么设计时，纸箱高与上下摇盖相加的最大范围的尺寸就不能大于 1360mm。

④包装物的排列方式。

包装同样多的产品时，内装物的排列方式不一样，纸箱内尺寸也不一样。这个尺寸就是前面提到的纸箱最佳尺寸比例，有时需要由用户确定或提供给设计人员。

⑤箱内隔衬与缓冲件的相关尺寸。

内衬隔板或缓冲衬垫越多越厚，包装同样多的物品所需的内尺寸也就越大。

（2）瓦楞纸箱的内尺寸计算公式。

瓦楞纸箱的内尺寸计算公式如下：

$$X_i = X_{max} \times n_x + d(d_x - 1) + k' + T \qquad (4-13)$$

其中，X_{max}——内装物的最大外形尺寸；

d——内装物的公差，反映了内装物的制造精度；

T——衬垫厚度；

k'——内尺寸修正值，其作用是方便内装物的放入和取出。

内尺寸修正值如表 4-1 所示。

表 4-1　瓦楞纸箱内尺寸修正值 k'（单位：mm）

L_i	W_i 或 B_i	H_i		
		小型箱	中型箱	大型箱
3～7	3～7	1～3	3～4	5～7

2. 制造尺寸计算

制造尺寸是纸箱的下料尺寸，制造尺寸是计算外尺寸的基础。在计算瓦楞纸箱的制造尺寸时，需考虑加工方式、材料、楞型、箱型等多种因素。

（1）纸箱加工成型的影响因素。

为了使瓦楞纸板下料后易于折叠成箱，必须按准确的尺寸先进行压痕，由于瓦楞纸板是结构型材料，其内部是空心的，压痕后会引起收缩、导致板长减小。瓦楞纸板弯折 90° 后制得的纸箱实际的内部尺寸要比要求的尺寸小 n 个板厚值，瓦楞纸板越厚、制造尺寸与内尺寸的差值就越大。所以，需要在内尺寸的基础上进行加大修正量，修正量同时要考虑纸板厚度的影响，并满足内尺寸要求。

（2）瓦楞纸箱的制造尺寸公式与计算。

纸箱长、宽、高方向制造尺寸的通用公式如下：

$$X = X_\mathrm{i} + nt + K \qquad (4-14)$$

这个计算公式与前面学习的折叠纸盒的尺寸计算公式基本相同。在实际生产过程中，由于 0201 型纸箱往往是直接在瓦楞纸板生产线的后半部分切割下料成型，其制造尺寸的计算可以简化，可在内尺寸的基础上直接加修正值 K_2 进行计算。

$$X = X_\mathrm{i} + K_2 \qquad (4-15)$$

0201 纸箱的制造尺寸修正值 K_2 如表 4-2 所示，楞型越大，修正值越大。

表 4-2　0201 型瓦楞纸箱的制造尺寸修正值 K_2　（单位：mm）

名称	纸箱	单瓦楞纸板	
		A 楞	B 楞
长度	L_1	6.4	3.2
	L_2	4.8	1.6
宽度	W_1	6.4	3.2
	W_2	4.8	1.6
高度	H	11.1	7.9

（3）瓦楞纸箱其他副翼结构的制造尺寸计算。

①摇盖尺寸计算。

摇盖用于箱底封合和箱盖封合，摇盖的封合质量影响纸箱的整体强度。对于 0201 型纸箱而言，摇盖的制造尺寸是纸箱宽度的一半再加上摇盖伸长系数。

$$F = \frac{W_1}{2} + x_\mathrm{f} \qquad (4-16)$$

其中，F——纸箱对接摇盖尺寸；

W_1——纸箱非接合箱面宽度制造尺寸；

x_f——摇盖伸长系数。

02 型纸箱常见箱型的摇盖伸长系数选取如表 4-3 所示。

表 4-3　02 型纸箱常见箱型的摇盖伸长系数　（单位：mm）

箱型	楞型			
	A	B	E	AB
0201	2～3	1.5～2	0～1	4～5
0203	0～2	0～1	0	1～3
0204	2～3	1.5～2	0～1	4～5
0204*	0～2	0～1	0	1～3

对于 0201 型纸箱，通常取单瓦楞纸箱的摇盖伸长系数为 3mm；双瓦楞纸箱的摇盖伸长系数为 5mm；三瓦楞纸箱的摇盖伸长系数为 7mm。

②制造接头尺寸。

瓦楞纸箱制造接头尺寸一般是根据瓦楞层数及生产工艺确定的，接头常与纸箱的箱面长和宽相连接，以保证主箱面的印刷不被破坏。接头尺寸取值如表 4-4 所示，一般 0201 型纸箱的制造接头取值为：单瓦楞纸板纸箱取 40mm、双瓦楞纸板纸箱取 45mm、三瓦楞纸板纸箱取 50mm。

表 4-4　02 型纸箱接头尺寸取值　　（单位：mm）

纸板种类	单瓦楞	双瓦楞	三瓦楞
J	35 ～ 40	45 ～ 50	50

③开槽尺寸。

瓦楞纸板的开槽和压痕是为了便于摇盖和箱体折叠成型，开槽宽度一般为纸板厚度加 1mm，压痕应该精确地位于开槽中心线上。

3. 外尺寸计算

纸箱的外尺寸应该与物流器具的空间尺寸协调，外尺寸是运费计算和箱面标记体积的依据。

外尺寸是在制造尺寸的基础上再加上纸板厚度和纸箱外尺寸修正系数 $K_{\circ}$ 得到的，公式如下。

$$X_{\circ} = X + t + K_{\circ} \qquad (4-17)$$

同样地，对于 0201 型纸箱，可以直接由制造尺寸加上修正系数 K_3。

$$X_{\circ} = X + K_{\circ} \qquad (4-18)$$

纸箱外尺寸修正系数取值如表 4-5 所示，楞型越大，外尺寸修正系数取值越大。

计算举例 2

表 4-5　0201 型瓦楞纸箱的外尺寸修正值 K_3　　（单位：mm）

楞型	A	B	C	E	AA	BB	CC	AB	AC	BC
K_3	5 ～ 7	3 ～ 5	4 ～ 6	1 ～ 3	10 ～ 14	6 ～ 10	8 ～ 12	8 ～ 12	9 ～ 13	7 ～ 11

第三节　瓦楞纸箱内附件与其他瓦楞纸板结构设计

一、瓦楞纸箱内附件结构设计

瓦楞包装纸箱内装物的形状多种多样，许多产品的形状往往是不规则的，产品和包装容器很难做到完全贴合，因此有时要通过内附件结构对产品进行定位、固定和缓冲。同时，纸箱内附件也是影响纸箱包装容器尺寸设计的关键要素之一。我们可以通过调整内附件的尺寸，进一步实现包装容器尺寸和物流方案的优化。

瓦楞纸板内附件设计要充分考虑瓦楞纸板的性能。瓦楞纸板是由两层面纸和一层波纹状的芯纸形成的薄壁结构。瓦楞纸板的平压方向具有比较好的缓冲性能，在平行瓦楞方向承载能力比较差，垂直瓦楞方向承载能力比较好。瓦楞纸板的性能与瓦楞楞型有关。如表 4-6 中数据所示，由上往下楞型由大向小变化，瓦楞纸板楞型越大，缓冲性能越好，因此一般缓冲衬垫常常选用大楞型纸板。而小楞型的纸板常常用于对印刷性能要求比较高的场合或轻型产品。

表 4-6　瓦楞楞型的基本参数

种类	楞型	高度 /mm	节距（宽度）/mm	缩率（成型系数）	楞数 / 个	厚度 /mm
大型	D	7.50	14.96	1.48	67	8.0
	K	6.00	11.70	1.50	85	6.5

156

种类	楞型	高度 /mm	节距（宽度）/mm	缩率（成型系数）	楞数 / 个	厚度 /mm
中型	A	4.45	8.66	1.53	115	5.0
	C	3.66	7.95	1.42	125	4.0
	B	2.50	6.50	1.31	154	3.0
微型	E	1.16	3.50	1.24	286	1.6
	F	0.75	2.40	1.22	417	1.0
	G	0.55	1.80	1.21	555	0.8
	N	0.40 ~ 0.50	1.90	1.21	555	0.8
	O	0.30	1.25	1.14	800	0.6

1. 瓦楞纸板附件的基本结构

（1）平板型内附件。

平板型内衬附件是直接利用平板状的瓦楞纸板起缓冲及填充作用的。其中的 0900 型是为了填充内外摇盖折叠后所形成的空隙。0901、0902 和 0903 则分别在瓦楞纸箱的水平方向、长度方向和宽度方向对产品进行隔振和缓冲，如图 4-37 所示。

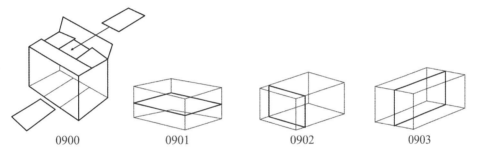

图 4-37　平板型内附件

（2）平套型内附件和直套型内附件。

这两种类型是通过纸板的简单折叠形成围框形内衬，一个围框形内衬可以对产品的多个方向进行缓冲和固定，缓冲机制仍然是依靠单层瓦楞纸板起作用。平套型内附件和直套型内附件如图 4-38 所示。

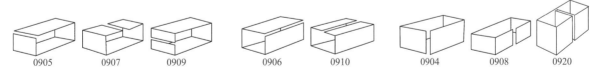

图 4-38　平套型内附件和直套型内附件

（3）隔板型内衬附件。

隔板型内衬附件是通过多张直板切槽后插合形成的空间结构，可以对多个产品、多个方向进行固定和缓冲。隔板型内衬常常用于水果、汽车零配件等产品的集合包装，是目前比较流行的瓦楞纸板内衬附件形式，如图 4-39 所示。

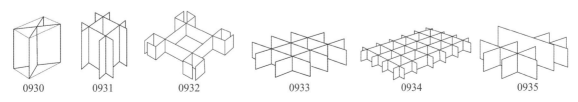

图 4-39　隔板型内衬附件

（4）充填型内衬附件。

充填型内衬附件依靠纸板折叠后形成的空间结构进行缓冲和固定，可以获得更大的缓冲和固定空间，缓冲性能好，材料使用效率比较高。充填型内衬附件的缓冲和填充厚度可以达到单层瓦楞纸板的几倍甚至十几倍，如图4-40所示。

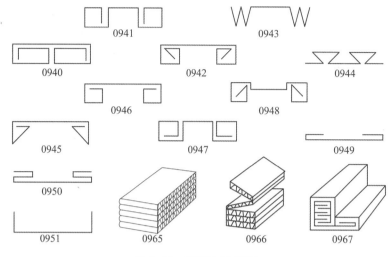

图 4-40　充填型内衬附件

（5）角形内衬附件。

角形内衬附件是将纸板多次折叠形成角状结构，对产品的边角进行固定和缓冲。角形内衬附件也可用在瓦楞纸箱的箱角部位，以增强纸箱的承载能力，如图4-41所示。

图 4-41　角形内衬附件

这几种瓦楞纸板内附件结构是纸箱内附件的基本结构，可以根据实际需要进行组合应用。

2. 典型的内衬附件组合应用方法

（1）纸板堆积 + 黏合成型。

纸板的堆积可以增加缓冲空间，获得更好的承载能力。如图4-42（a）所示，瓦楞直板进行交错层叠黏合，可以获得比较好的双向承载能力。图4-42（b）是瓦楞直板平行层叠黏合，得到的衬垫在垂直瓦楞方向具有非常强的承载能力。图4-42（c）是蜂窝状排列的瓦楞纸板结构，其平面承载能力可以和真正的蜂窝纸板媲美。美中不足的是，堆积法得到的衬垫只能保护产品的一个方向。

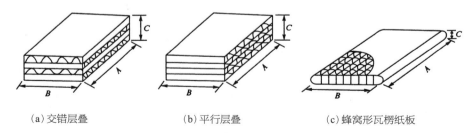

（a）交错层叠　　　　　　（b）平行层叠　　　　　　（c）蜂窝形瓦楞纸板

图 4-42　纸板堆积 + 黏合成型内衬附件

（2）纸板模切 / 模压 + 折叠成型。

这种方法制备的衬垫可以对产品多个方向进行缓冲和固定。图4-43（a）可以形成角型衬垫，对产品的三个方向进行固定和缓冲。图4-43（b）可以形成槽型衬垫，也可以对产品的三个方向进行固定和缓冲。图4-43（c）为棱形衬垫，可以对产品的两个方向进行固定和缓冲。

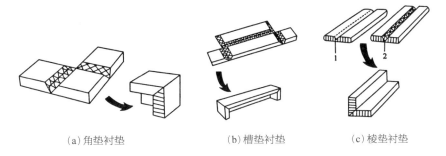

（a）角垫衬垫　　　　　　　　　（b）槽垫衬垫　　　　　　　　　（c）棱垫衬垫

图4-43　纸板模切/模压+折叠成型内衬附件

（3）纸板模切+黏合+组合成型。

模切以后再黏合得到的瓦楞内衬，具有比较好的承载性能；再将不同形状的模切内衬进行组合，可以对复杂形状的产品进行可靠的固定；进一步与平套型瓦楞内衬进行叠置组合，又可以获得比较好的缓冲性能，如图4-44所示。

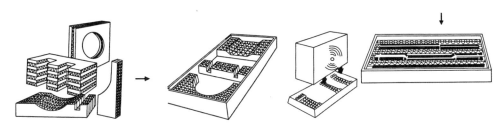

图4-44　纸板模切+黏合+组合成型内衬附件

（4）纸板模切+插合成型。

对瓦楞纸板进行模切后再进行插合成型可以获得阵列形状的缓冲结构，即常见的隔板型缓冲结构，能够对多个产品进行集合包装。隔板型瓦楞内衬广泛应用于质量及尺寸较小商品的集合包装。另外隔板型瓦楞内衬通过强化设计，在汽车零配件、小型机电产品的重型集合包装方面也有不俗的表现。

图4-45（a）和图4-45（b）分别为汽车零配件及小型机电产品利用瓦楞隔板进行缓冲及固定的案例，这类重型纸质包装是目前瓦楞纸质包装重点发展的一个方向。

（a）汽车零配件包装　　　　　　　　　　　　（b）小型机电产品包装

图4-45　纸板模切+插合成型内衬附件

（5）纸箱与折叠缓冲衬垫分体式结构。

对单张瓦楞纸板进行模切以后，分别进行折叠成型，形成底部缓冲垫和端部缓冲垫；底部缓冲垫与端部缓冲垫再与瓦楞纸箱进行装配，可以获得全纸质的包装形式，如图4-46所示。

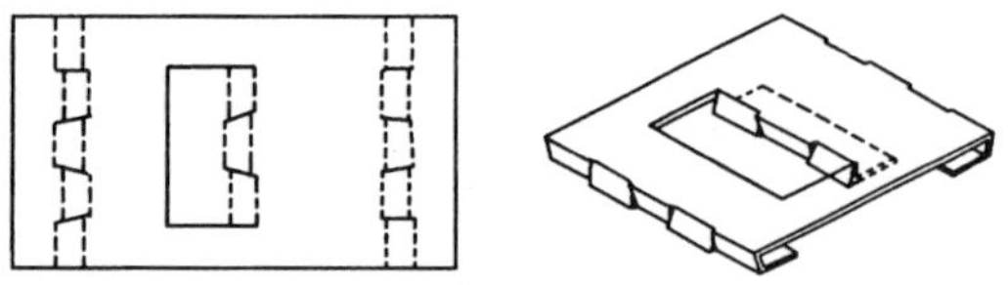

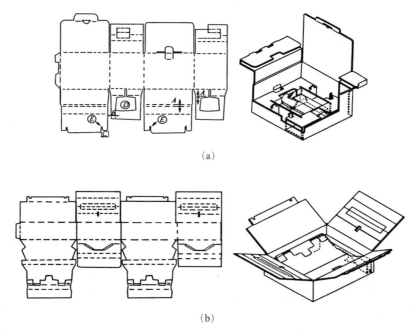

（a）底部缓冲衬垫 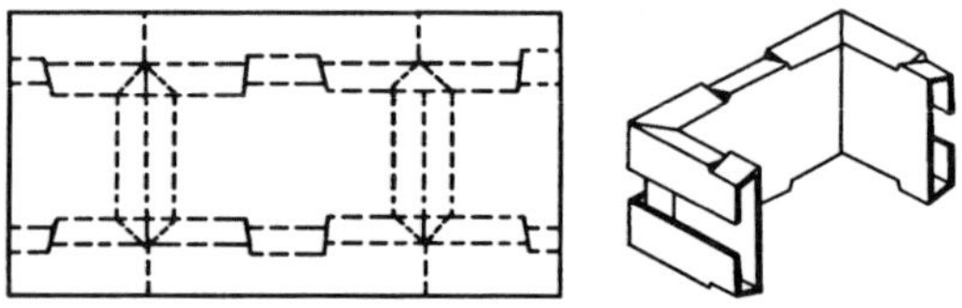　　　　　　　　　　　　　（b）U形缓冲衬垫

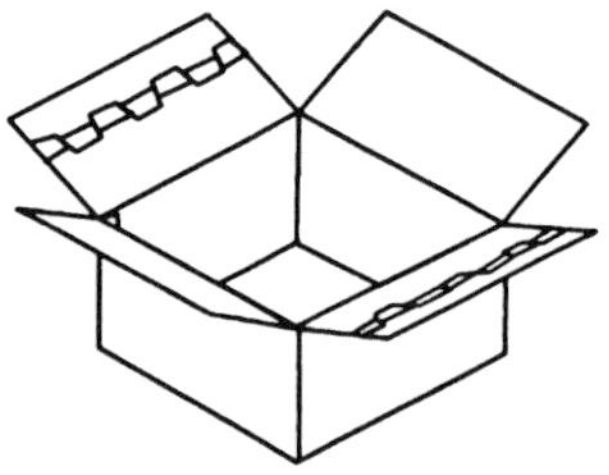

（c）纸箱 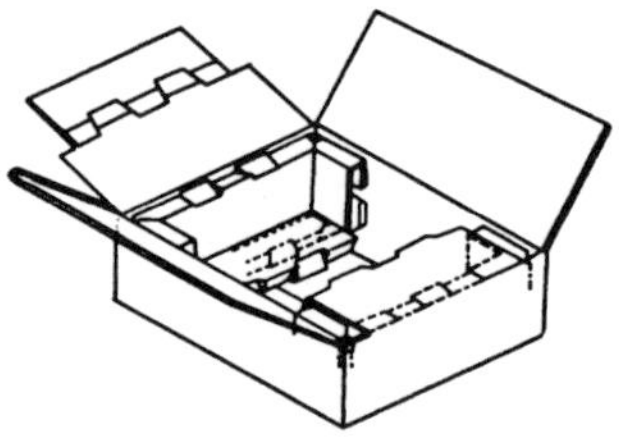　　　　　　　　　　　　　（d）装配

图4-46　纸箱与折叠缓冲衬垫分体式结构

（6）纸箱与折叠缓冲衬垫一体式结构。

根据具体产品的外形，通过巧妙的设计，形成瓦楞纸箱与缓冲衬垫一体式结构（图4-47），通过一张纸板的模切、压痕、折叠等工艺形成外箱及内衬结构，减少了物流辅料的备料及采购成本，更便于废弃物分拣及回收处理。

（a）

（b）

图4-47　纸箱与折叠缓冲衬垫一体式结构

3. 箱内隔板型内附件应用案例

某公司按客户要求为其产品做多件集装运输包装设计方案，产品如图4-48所示。

产品主机重4.3kg，运输方式以陆运为主，要求满足标准托盘1200mm×1000mm的整装集装体积。设计时，纸箱结构仍然使用0310型标准箱型（图4-49），对于箱内以隔板式内附件做产品集装分隔，该公司提出了两种设计方案供客户选择。

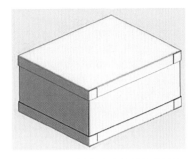

图 4-48　客户产品　　　　　　　　　　图 4-49　包装完成后集装单元外形

　　方案一，箱内设置两层隔板结构，每层装箱25件，整套装箱数量50件，外包装体积1200mm×1000mm×575mm，如图4-50所示。

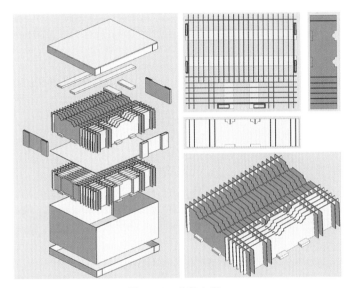

图 4-50　集装方案一

　　方案二，箱内设置两层隔板结构，每层装箱32件，整套装箱数量64件，外包装体积仍然是1200mm×1000mm×575mm，如图4-51所示。

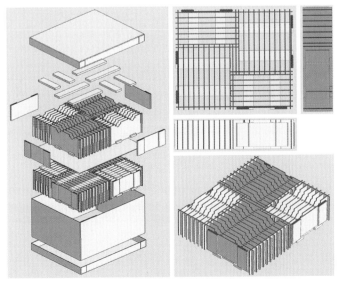

瓦楞纸板
结构设计

图 4-51　集装方案二

第四节　瓦楞纸箱的制造

现代瓦楞纸箱的生产一般都是在瓦楞纸板生产线上连续化生产完成的。瓦楞纸板、纸箱生产的各道工序在联动机上组合成生产流水线，生产线中前道工序加工好的瓦楞纸板进入纸箱成型机或模型切割机后被连续加工成纸箱。联动机能将单机生产中的双色印刷、分纸压痕、开槽切角冲孔等多道工序集中一次完成，并能生产各种异形纸箱，生产效率高，加工质量好。工艺流程如图4-52所示。

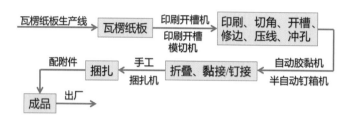

图4-52　瓦楞纸箱生产工艺流程

由瓦楞纸板生产线生产出来的瓦楞纸板，直接在生产线上输送到印刷开槽机或者印刷开槽模切机上，进行印刷、切角、开槽、修边、压线、冲孔等各工序动作，然后再通过自动折叠的胶黏机或半自动钉箱机进行折叠、黏接或者钉接，之后，可以使用手工或捆扎机进行捆扎，然后配上相关的附件，就可以作为纸箱成品出厂了。这个时候的纸箱同样是平板状进行输送的。

一、分切压痕工艺

这道工序是在瓦楞纸板生产线上同时能对瓦楞纸板切断、压痕的分切压痕工位上完成的。图4-53中红圈部分为压痕线，蓝圈部分是切断线。切断与压痕规格根据所生产纸箱规格尺寸来确定并调整，以满足不同规格尺寸纸箱生产的要求。

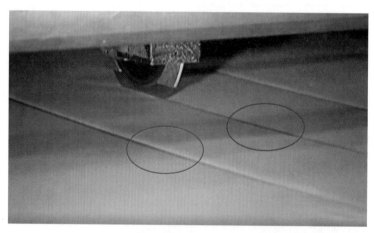

图4-53　分切与压痕

压痕有纵向压痕与横向压痕两种。纵向压痕指与纸板瓦楞平行方向的压痕，横向压痕指与纸板瓦楞垂直方向的压痕。图4-54（a）中红圈部分即横向压痕线。横向压痕一般与分切同时进行。纵向压痕在开槽工位上压出，图4-54（b）中红圈部分是纵压痕线，蓝圈部分是开槽。由于瓦楞纸板的刚性及瓦楞的结构引起的反力较大，因此，横向压痕比纵向压痕所需压力要大。

在压痕时，表面原纸会伸长，当伸长到一定值时，会引起压痕处纸板表面破裂。一般情况下，瓦楞纸板含水率越低，越易引起破裂，特别是在秋冬干燥季节易产生破裂现象。压痕力过大或原纸强度过低，也会在压痕中导致纸板面纸破裂。

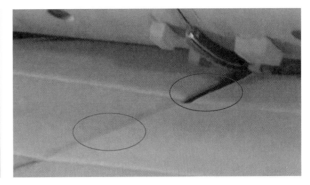

（a）横向压痕　　　　　　　　　　　　　（b）纵压痕线

图 4-54　瓦楞纸箱的纵向压痕与横向压痕

二、开槽、切角、冲孔工艺

开槽工艺（图 4-55）是瓦楞纸板切割下料后，经压痕确定纸箱的摇盖和纸箱的高度后进行，用以开出摇盖，切出接缝接头，以便装箱时折叠或搭盖封合。

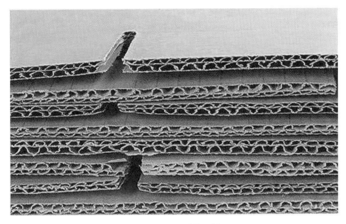

图 4-55　开槽工艺

切角工艺的作用是切出制造接头，便于折合钉箱。冲孔是冲出纸箱手孔或通气孔。

瓦楞纸板只是纸箱的坯料，只有通过进一步加工，即经印刷、开槽、切角和修边，有时还要冲孔，最后经钉接或胶接才能成为纸箱成品。切角和冲孔一般与开槽一起在生产线上的开槽工位或模切工位完成。图 4-56 中所示的就是瓦楞纸板开槽、切角纵压痕同时完成的过程。

图 4-56　开槽、切角、纵压痕

有些工厂没有连续的生产线,箱板的印刷、开槽、切角、修边和冲孔等都分步进行。先印刷,然后对纸板进行修边,再进行开槽切角和冲孔。冲孔有时还要借助于模切机。一般的切角可在切角开槽机、印刷开槽机上进行。

三、印刷工艺

需要印制复杂图文的瓦楞纸箱,在开槽或模切前一般要先进行印刷。也有的与彩色小瓦楞纸盒一样,将图文先印制到白纸板上,再进行覆面、模切等工序。

在瓦楞纸箱印刷中应注意如下一些问题:

（1）避免满版印刷;

（2）避免带状（尤其是与瓦楞楞型方向相同）印刷;

（3）尽量减少套印次数;

（4）尽量减小印刷压力;

（5）在图文设计中应注意避免文字太小,油墨色彩应醒目。

四、模切工艺

瓦楞纸箱除作运输包装外,随着市场经济的发展和社会产品的丰富,越来越多的瓦楞纸箱也用于销售包装。作为销售包装的瓦楞纸箱,已不再是简单的正六面体形式,已出现了各种式样的异型瓦楞纸箱,这些异型纸箱用一般的开槽机或分切压痕机等是难以生产出来的。

与彩色小瓦楞纸盒一样,这些特殊结构的纸箱坯在经过印刷、覆面以后需要经过模切工艺才可以成箱。因此,模切工艺就是为异型纸箱的生产而出现的。

模切工艺是在模切机上的模板通过按纸箱设计展开图嵌装钢刀和钢线,经模板的往复运动或装有模板的辊筒的周转运动,把送入钢刀和钢线与平台或下辊之间的纸板模切成预定的形状,并同时压出线痕。

模切机根据模板和压板的形状分为三种类型。

1. 平压平型模切机（图4-57）

"平压平"是指版台与压力平台（压板）均为平面,如图4-57所示。模切版台与压力平台（压板）均为平面,工作时,通过压力平台对装有钢刀和钢线的版台施加压力,使两者互相均匀接触,钢刀完成裁切动作,钢线完成压痕任务。

2. 圆压平型模切机（图4-58）

圆压平型模切机的模切板是平面的,模切机版台嵌装在往复运动的平台上,纸板由装在平台上方连续旋转的滚筒夹入,并由滚筒向模切板平台加压,完成模切动作。模切后,滚筒升起,平台退回,冲切好的纸板送到纸垛处。

图4-57　平压平型模切　　　　　　　　　　图4-58　圆压平型模切机

3. 圆压圆型模切机（图4-59）

图4-59中在瓦楞纸箱生产线上安装模切刀的辊筒,实际上就是圆压圆模切。这种模切机也称旋转模切机,主要用于制造02型纸箱这种结构简单,对钢刀、钢线嵌入要求低的产品。

在进行圆压圆模切时，纸张放在工作台上，用链条或弹踢送纸机构将纸板送入上、下两个大直径滚筒之间，其中一个滚筒装有模切刀和压痕嵌线，另一滚筒为压力滚筒，纸板通过其间，便被模切成所需的形状了。

图 4-60 就是装在切割滚筒上的圆形模切板。

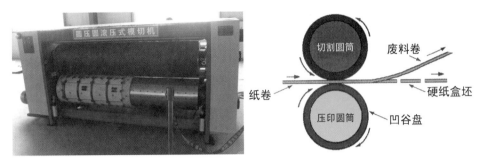

图 4-59 圆压圆型模切机

图 4-60 圆型模切板

五、接合工艺

纸箱制作的最后一个环节是把已成型的纸箱按设计的箱型，把箱板边接合，制成容器，接合的方法和质量直接影响纸箱的外观质量和抗压强度。

纸箱的接合有三种方法：钉接、黏接和胶带贴接。（图 4-61）

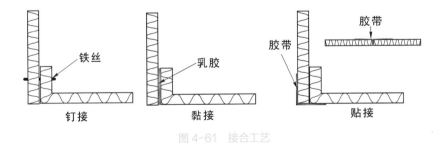

图 4-61 接合工艺

1. 钉接

钉接是用铁丝把纸箱的两个搭接口钉合在一起，用脚踏式钉箱机或自动钉箱机完成。钉接又可分为直钉、横钉、斜钉三种，斜钉还可分为单斜钉和双斜钉两种，其中以双斜钉的接头为最牢。

人工钉箱时，钉箱机的冲头做上下往复运动，要求在不到半秒钟的时间内完成进线（包括切断）、压形、冲钉、悬空四个过程，即完成一个工作循环。操作者手持纸箱板，用脚控制离合器的开合，伴随着冲头的动作，有节奏地移动纸箱板，以控制钉距。在自动钉箱机上，纸箱板自动送进，钉距可以事先调节，效率和质量均大大提高。钉距的均匀和铁丝弯脚的好坏直接影响纸箱的抗压强度。

2. 黏接

黏接就是用胶黏剂把纸箱接合起来。这一工序可以在折叠胶合机上进行。黏接时，由涂胶轮往搭舌上涂胶，利用折叠棒或导轮的作用，使纸板弯折、合拢和搭接。搭接后用压轮继续加压，以增强黏接强度。还可以用鼓风机吹风来加速胶黏剂的干燥固化。

3. 胶带贴接

在纸箱折叠胶合机上附装一个胶带送进、切断、黏接装置即可完成纸箱的胶带贴接。工作时纸板的接口按对接的形式对齐排好，然后粘上胶带，使其成为纸箱成品。

钉接、黏接和胶带贴接各有特点。钉接的设备最简单，但生产效率也最低，质量难以保证。后两种方法需用专用设备，加工质量好，效率高。尤其是黏接，不论外观质量或强度均比钉接好，成本也比较适中。近年来，国外纸箱制作接合方式 70% 以上采用黏接，我国也在推广使用。

蜂窝纸板与蜂窝纸制品

第五章

纸盒与纸箱包装结构的 CAD 设计实践

纸盒与纸箱包装结构设计应用软件介绍：可用于纸包装结构设计的计算机绘图软件有很多，目前常用的有通用制图软件 Auto CAD，有专门用于纸盒包装设计的 Artios CAD（雅图），还有可用于三维包装造型建模的 Inventor、Rhino、Cinema 4D、KeyShot 等，甚至在平面装饰设计软件中的CoreDRAW、Adobe Illustrator、Photoshop 等图形图像软件也可以用于纸盒结构设计的绘图与表现。企业中常用的软件主要是Proe、Artios CAD、Auto CAD、Rhino 和 C4D。

在这里简要介绍纸盒包装专用软件雅图和建模软件 Inventor 的使用与设计方法。

一、Artios CAD

Artios CAD 软件是一个非常完整的包装结构设计软件系统，是世界上作为全球标准使用的包装结构设计CAD 系统。Artios CAD 软件的图标与启动界面如图 5-1 所示。

图 5-1 Artios CAD 软件的图标与启动界面

Artios CAD 的主要工作界面如图 5-2 所示，工作流程如图 5-3 所示。

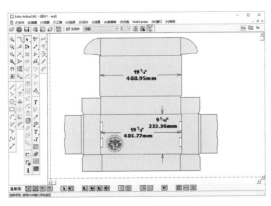
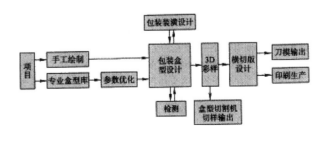

图 5-2 Artios CAD 的主要工作界面　　　　　　　图 5-3 Artios CAD 的工作流程

1.BUILDER 生成器

BUILDER 生成器可以通过 Style 目录完成新的设计，它的主要功能如下。

（1）输入数值时在屏幕上显示图解。

（2）验证输入资料的有效性，防止错误设计。

（3）对标准设计目录中的设计进行修改，修订包装盒的大小、材料和其他参数，并存储在盒样库中。

（4）利用 StyleMaker 设定新的盒样大小、材料和其他参数，并将修改过的设计存储在盒样库中。

2.DESIGNER 设计师

用户可以根据自己的需求和个人风格选择不同的工作方式，不仅可以生成新的设计，也可以打开并修改现有的设计，主要功能如下。

（1）结合 BUILDER，用户可以从 Style 菜单中选择盒样，增加并更改有关资料。

（2)所有生成的设计都已包括所有尺寸数值，只需通过几个步骤即可方便地生成详细的生产文件，包括出血位、定义上光区域等，既可以和图像生成系统沟通，也可以和 DieMaker 一起完成上光橡胶布。

（3）利用多种强大的工具可以生成几何图形。

（4）有多个工具用于完成复制、移动、修整、分离、调节、拉伸图形等操作。

（5）辅助线可以帮助完成复杂的工作和图形的拉伸。

（6）利用屏幕上的小键盘可以建立公式，支持距离和角度的复制。

（7）当用户利用自定义的桥的公式来生成直线和弧线时，系统可以自动生成桥。

（8）利用游标或者几何参数，用户能用多种工具快速选择需要的部分并修改。

（9）利用标注和尺寸设计可以放大或定义微小区域的尺寸。

（10）利用特殊工具可以快速定义印刷及上光区域，只需几个工具即可完成。

（11）系统可以接受的输入文件格式包括 DDES、CFF2、DXF、HPGL。

（12）系统可以追索到盒样表面不平的部分和细微的颗粒物，不仅可以检查正面，而且可以看到反面，防止文件传输过程中可能出现的错误。

（13)利用 WINDOWS 剪贴板、复制和粘贴工具既可以把几何设计从一个设计样复制粘贴到另一个设计样中，也可以复制粘贴到其他的应用程序中。

3.Artios 3D

Artios 3D 用于设计检验盒型结构的可折叠性，主要功能如下 。

（1）将设计折叠为盒形。

（2）计算实际生产中需要预计的折盒角度、开槽留口等因素。

（3）存储折盒的角度，在平面图和折盒立体图之间快速转换。

（4）折盒立体视图下也能测量出距离，用以检查容许度和补偿。

（5）将多个设计合成复杂的组合。

4.LAYOUT（拼大版）

拼大版用来预估版面尺寸或设计用于实际生产的最终版面，主要功能如下。

（1）拼版和复制工具能够自动生成版面。

（2）复杂的版面设计可通过添加不同设计来建立。

（3）添加新的设计时，系统会自动考虑纸边、纹理方向和纸板的状况，选择最合理的排法。

（4）支持带有多种印刷变量的设计。

（5）用选定的印刷设备对应的边距计算版面的尺寸。

（6）Artios CAD database 追踪记录每一份版式设计。

二、Autodesk Inventor Professional

该软件是 AutoDesk 公司推出的一款三维可视化实体模拟软件。Autodesk Inventor Professional（AIP）

包括 Autodesk Inventor 三维设计软件、基于 Auto CAD 平台开发的二维机械制图和详图软件 Auto CAD Mechanical；还加入了用于缆线和束线设计、管道设计及 PCB IDF 文件输入的专业功能模块，并加入了由业界领先的 ANSYS 技术支持的 FEA 功能，可以直接在 Autodesk Inventor 软件中进行应力分析。Inventor 软件的图标与启动界面如图 5-4 所示。

图 5-4 Inventor 软件的图标与启动界面

Autodesk Inventor Professional 提供了一个无风险的二维到三维转换路径，是一套全面的设计工具，用于创建和验证完整的数字样机。它简化了复杂三维模型的创建，设计人员可以专注于设计的功能实现。

Autodesk Inventor Professional 软件支持设计人员在三维设计环境中重复使用其现有的 DWG 资源，可以直接读写 DWG 文件，无须转换文件格式；不仅包含丰富的工具，可以轻松完成三维设计，还可以与其他厂商的制造业软件实现良好的数据交互，从而简化客户与其他公司的协作。

Autodesk Inventor 的主要工作界面如图 5-5 所示。

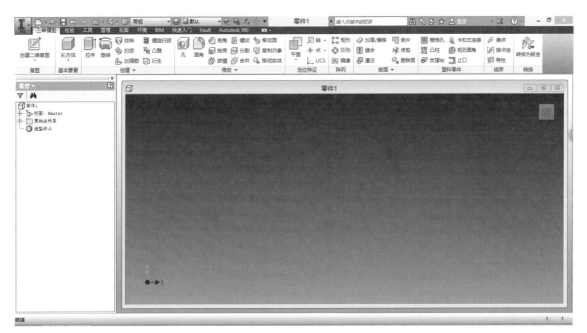

图 5-5 Autodesk Inventor 的主要工作界面

设计案例

参考文献
References

[1]   朱和平 . 我国古代纸包装的起源与发展 [J]. 求索 ,2016（12）:181-187.

[2]   徐盟 . 民国时期纸包装设计研究 [D]. 长沙：湖南工业大学 ,2021.

[3]   李亚兰 . 浅析宋代纸包装的发展 [J]. 消费导刊 ,2009（24）:224-225.

[4]   彭国勋，吴舟平，吴琰，等 . 瓦楞包装设计 [M]. 印刷工业出版社，2007.

[5]   孙诚，金国斌，王涛，等 . 包装结构设计 [M].3 版 . 北京：中国轻工业出版社，2009.

[6]   怀本加，罗斯 . 包装结构设计大全 [M]. 杨羽，译 . 上海：人民美术出版社，2006.

[7]   国家技术监督局 . 中国成年人人体尺寸：GB 10000-88[S]. 北京：中国标准出版社，1989.

[8]   谢勇 . 包装容器结构设计与制造 [M]. 北京：印刷工业出版社，2016.

[9]   萧多皆 . 结构包装设计 [M]. 沈阳：辽宁科学技术出版社，2006.

[10] 和克智，曹利杰 . 纸包装容器结构设计及应用实例 [M]. 北京：印刷工业出版社，2007.